TRAITÉ ÉLÉMENTAIRE

D'ARITHMÉTIQUE,

CONTENANT

UN EXPOSÉ COMPLET DU SYSTÈME MÉTRIQUE

ET UN TRÈS GRAND NOMBRE DE PROBLÈMES NOUVEAUX,

A L'USAGE

des Écoles primaires et des Pensions de Demoiselles,

Par J. LUÇON,

Bachelier ès-sciences mathématiques,

INSPECTEUR DE L'INSTRUCTION PRIMAIRE,

OFFICIER DE L'INSTRUCTION PUBLIQUE.

2.e ÉDITION,
Revue et considérablement augmentée.

LONS-LE-SAUNIER,

IMPRIMERIE ET LITHOGRAPHIE DE F. GAUTHIER.

—

1852.

TRAITÉ

ÉLÉMENTAIRE

D'ARITHMÉTIQUE.

TRAITÉ ÉLÉMENTAIRE

D'ARITHMÉTIQUE,

CONTENANT

UN EXPOSÉ COMPLET DU SYSTÈME MÉTRIQUE

ET UN TRÈS GRAND NOMBRE DE PROBLÈMES NOUVEAUX,

A L'USAGE

des Écoles primaires et des Pensions de demoiselles.

Par J. LUÇON,

BACHELIER ÈS-SCIENCES MATHÉMATIQUES, INSPECTEUR DE L'INSTRUCTION PRIMAIRE, OFFICIER DE L'INSTRUCTION PUBLIQUE.

2.ᴱ ÉDITION,

Revue et considérablement augmentée.

LONS-LE-SAUNIER,

IMPRIMERIE ET LITHOGRAPHIE DE FRÉD. GAUTHIER.

1852.

DÉDIÉ

à Monsieur Roger,

Recteur de l'Académie départementale du Jura, Chevalier de la Légion-d'honneur,

Par l'auteur reconnaissant,

J. LUÇON.

PRÉFACE.

C'est pour les enfants des Écoles primaires et pour les jeunes personnes des pensions que nous avons rédigé ce traité élémentaire d'Arithmétique. C'est aussi avec confiance que nous l'offrons à leurs maîtres, persuadé que le motif qui nous l'a fait entreprendre fera oublier le tort que nous avons peut-être, d'avoir voulu faire un livre sur une science que tant d'autres ont si bien traitée avant nous.

Une expérience acquise par bien des années déjà consacrées à l'enseignement des mathématiques, et ensuite à la surveillance des Écoles, nous a prouvé que la méthode que nous avons adoptée et que l'ordre que nous avons suivi dans les leçons, facilitent l'intelligence des préceptes toujours si abstraits de l'Arithmétique, des règles qui en sont déduites et de leurs diverses applications. Nous avons réuni et coordonné ce que nous disions quand nous étions professeur, et nous l'avons fait avec toute la simplicité de langage et de démonstration qui convient à un livre purement élémentaire.

Des définitions simples, vraies et faciles à comprendre; des démonstrations claires et précises; des applications nombreuses après chaque règle; des explications étendues sur le système nouveau des poids et des mesures, sur le calcul des rentes, sur la solution des problèmes; des questions va-

riées, instructives et surtout pratiques : tels sont
les avantages qu'on trouvera dans notre traité ; tels
sont du moins ceux que nous nous sommes efforcé
de lui donner. Sans avoir la prétention d'avoir
mieux fait que nos devanciers, nous présentons
notre travail avec la confiance qu'il sera de quelque utilité dans les Écoles : nous le soumettons à
la sévère, mais juste appréciation de tous ceux qui
voudront bien l'examiner, l'étudier, et nous faire
part ensuite de leurs observations.

J. Luçon.

ARITHMÉTIQUE

ÉLÉMENTAIRE.

PREMIÈRE PARTIE.

Pour procéder avec méthode dans une étude qui, plus que toute autre, demande de l'ordre et de la clarté, nous exposerons, dans une première partie, les principes et les conventions sur lesquels reposent les règles du calcul ; dans la seconde partie, nous nous occuperons des quatre opérations fondamentales de l'arithmétique ; et enfin une troisième et dernière partie sera consacrée au développement du système métrique et à la solution des problèmes.

CHAPITRE PREMIER.

Des grandeurs, de l'unité et du nombre.

1. On appelle *grandeur*, ou *quantité*, tout ce qui est susceptible d'être augmenté ou diminué. La longueur d'une pièce de drap, l'étendue d'un champ, la grosseur d'un bloc de marbre, le poids d'un ballot, etc., sont des grandeurs; car toutes ces choses peuvent être plus ou moins longues, plus ou moins étendues, plus ou moins grosses, etc.

2. Les grandeurs sont considérées, ou d'une manière *absolue*, ou d'une manière *relative*.

La grandeur *absolue* est celle que l'on ne compare à aucune autre. Si l'on dit, par exemple, que les montagnes sont élevées, que la mer est immense, que l'espace est sans bornes, la hauteur des montagnes, l'étendue de la mer, les dimensions de l'espace sont des grandeurs considérées d'une manière *absolue*.

3. On appelle grandeur *relative* celle que l'on considère en la comparant à d'autres grandeurs de la même espèce. Quand on dit que les jours sont plus longs en été qu'en hiver, que l'impôt produit plus en Angleterre qu'en France, que la distance de Paris à Toulouse est moindre que celle de Toulouse à Rome : la durée des jours, le produit des impôts, la longueur des chemins, sont, dans ces cas, des grandeurs *relatives* (*).

(*) A proprement parler, il n'existe pas de grandeur

4. Quand on compare l'une à l'autre deux quantités de la même espèce, on a souvent besoin de préciser leur différence. On cherche alors ce que l'une contient de plus que l'autre, ou combien de fois la plus grande contient la plus petite; cette différence, ce combien de fois, que nous apprendrons tout-à-l'heure à exprimer, fait connaître le *rapport* des deux grandeurs ou quantités entre elles.

5. Pour évaluer ainsi les grandeurs, ou trouver leurs *rapports*, on a jugé plus utile de comparer toutes celles de la même espèce à une plus petite grandeur, qui fût la même partout et pour tous. Cette petite grandeur, choisie pour terme de comparaison, prend le nom d'*unité*, et l'on donne le nom de *nombre* à ce qui fait connaître le résultat de la comparaison.

6. L'ARITHMÉTIQUE EST LA SCIENCE DES NOMBRES; c'est-à-dire, la science qui apprend à connaître leur formation et les diverses opérations auxquelles on peut les soumettre.

7. Le rapport d'une grandeur à son unité varie à l'infini; car on conçoit que ce qu'une grandeur peut avoir de plus ou de moins qu'une autre, ou le nombre de fois qu'une grandeur peut en contenir une autre, ne saurait être limité. Les nombres qui représentent ces rapports différents varient donc

absolue; car, si nous disons que les montagnes sont élevées, c'est que nous les comparons mentalement à ce qui a moins d'élévation; si nous disons que la mer est immense, c'est que nous savons qu'il existe des amas d'eau qui ont bien moins d'étendue, etc. Il y a toujours implicitement comparaison.

aussi à l'infini ; et ils devraient nécessiter, pour être énoncés, une série indéfinie de noms différents. Mais on a trouvé le moyen de les exprimer tous avec quelques mots seulement, et de les représenter à l'aide de quelques signes : cet art ingénieux, dont nous allons nous occuper dans les chapitres suivants, s'appelle la *numération*.

RÉCAPITULATION ET PRINCIPES.

I. *On appelle* GRANDEUR *ou* QUANTITÉ *tout ce qui est susceptible d'augmentation ou de diminution.*

II. *L'*UNITÉ *est une grandeur prise arbitrairement, mais fixe, et servant à évaluer ou mesurer toutes celles de son espèce.*

III. *Le* NOMBRE *est le résultat de la comparaison d'une grandeur avec son unité.*

IV. *L'*ARITHMÉTIQUE *est la science des nombres.*

V. *La* NUMÉRATION *est l'art d'exprimer tous les nombres avec quelques mots seulement, et de les représenter à l'aide de quelques signes particuliers.*

QUESTIONS.

Pour qu'une leçon soit profitable, il est nécessaire que le maître questionne les élèves après chaque explication, et qu'il exige d'eux des réponses claires, précises, rigoureuses. Il leur demandera, par exemple :

Qu'est-ce qu'une grandeur? — Quand dit-on qu'une grandeur est *absolue*?... *relative*? — Pourquoi n'existe-t-il pas de grandeur absolue à proprement parler ?

Comment compare-t-on les grandeurs entre elles? — Qu'est-ce que l'unité ? — Quel nom donne-t-on au résultat de la comparaison de deux grandeurs ?

Qu'est-ce qu'un nombre? — Qu'est-ce que l'arithmétique ?— Qu'appelle-t-on numération ? etc.

CHAPITRE II.

De la numération.

NUMÉRATION PARLÉE.

8. Lorsqu'on compare une grandeur à son unité, par exemple, la longueur d'un fil à la petite longueur qu'on est convenu d'appeler *mètre*, on donne le nom de *un* au résultat, si la grandeur est égale à l'unité. On l'appelle *deux*, si la grandeur contient l'unité une fois de plus; puis *trois*, si elle la contient une fois de plus que deux; puis *quatre;* puis *cinq, six, sept, huit, neuf, dix*.

Jusque-là, les nombres sont dits simples ou du premier ordre.

On aurait pu certainement porter plus loin cette nomenclature de nombres et de noms, ou la restreindre ; mais il paraît que les premiers hommes, qui comptaient naturellement sur leurs doigts, se sont arrêtés lorsqu'ils ont eu épuisé tous ceux que la nature leur a donnés aux mains.

9. Quoiqu'il en soit, et pour éviter l'emploi d'autres mots, on est convenu que le nombre *dix*, ou la collection de dix unités simples, sera regardé à son tour comme une grandeur de comparaison; on l'appelle unité du second ordre ou *dizaine*, et elle sert à mesurer les grandeurs plus fortes qu'elle.

C'est, par similitude, ce que font naturellement les gens sans instruction, lorsque, pour des quantités un peu fortes, ils comptent par *bordées* de leurs dix doigts.

En procédant ensuite dans cette comparaison, comme on l'a fait avec l'unité simple, on obtient successivement les nombres suivants : *une dizaine, deux dizaines, trois dizaines, quatre dizaines, cinq dizaines, six dizaines, sept dizaines, huit dizaines, neuf dizaines,* et *dix dizaines,* auxquels l'usage a donné des noms analogues à ceux dont se servaient les Latins, et qui sont : *dix, vingt, trente, quarante, cinquante, soixante, septante, octante, nonante* et *cent.*

Par une bizarrerie que rien ne justifie, aux mots *septante, octante* et *nonante,* on substitue de nos jours ceux de *soixante et dix, quatre-vingts* et *quatre-vingt-dix.*

10. Il est facile de comprendre que, puisque l'unité du second ordre est une collection de dix unités simples, on peut, à chaque nombre auquel la dizaine sert d'unité, ajouter successivement les neuf premiers nombres, et former ainsi les nombres intermédiaires : *dix-un, dix-deux, dix-trois, dix-quatre, dix-cinq, dix-six, dix-sept, dix-huit, dix-neuf;* puis les nombres *vingt-un, vingt-deux,... vingt-neuf;* puis *trente-un,... trente-neuf,* et ainsi de suite jusqu'à *nonante-neuf* ou *quatre-vingt-dix-neuf.*

Ici encore l'usage veut qu'on dise : *onze, douze, treize, quatorze, quinze* et *seize,* au lieu de *dix-un, dix-deux, dix-trois, dix-quatre, dix-cinq* et *dix-six.*

11. Le nombre *cent,* ou la collection de dix dizaines, est prise ensuite pour unité du troisième ordre, appelée *centaine;* et, en procédant comme pour les dizaines et pour les unités simples, on ob-

-tient les nombres : *un cent, deux cents, trois cents, quatre cents,... neuf cents, dix cents* ou *mille.*

Si, à chaque nombre auquel la *centaine* sert d'unité, on ajoute successivement les quatre-vingt-dix-neuf nombres formés par la combinaison des dizaines et des unités simples, on obtient tous les nombres intermédiaires depuis *cent un* jusqu'à *neuf cent quatre-vingt-dix-neuf.*

12. Le nombre *mille*, ou la collection de dix centaines, devient l'unité du quatrième ordre, et sert à obtenir les nombres : *un mille, deux mille, trois mille, quatre mille,.. neuf mille* et *dix mille.* Et, en combinant chacun de ces nombres avec les neuf cent quatre-vingt-dix-neuf nombres inférieurs, on forme la collection des nombres depuis *mille un* jusqu'à *neuf mille neuf cent quatre-vingt-dix-neuf.*

13. Le nombre *dix mille* est l'unité du cinquième ordre ; *cent mille*, celle du sixième ordre ; on donne le nom de *million* à l'unité du septième ordre ; celui de *dizaine de millions* ou *dix millions*, à l'unité du huitième ordre ; celui de *cent millions*, à l'unité du neuvième ordre ; *billion* ou *milliard*, puis *dix billions*, puis *cent billions*, puis *trillion*, etc., désignent les unités du dixième, du onzième, du douzième, du treizième ordre, et ainsi de suite.

Enfin, en augmentant successivement chaque nombre produit par les unités de tous les ordres, des nombres inférieurs, on obtient la série naturelle des nombres commençant à *un* et se prolongeant indéfiniment.

14. Ainsi, avec ces deux principes une fois adop-

tés, que *toute collection de dix unités quelconques* devient *une unité d'un ordre supérieur, et que chaque nombre peut être augmenté successivement de tous ceux qui lui sont inférieurs*, on est parvenu facilement à exprimer tous les nombres qui peuvent exister avec les seuls mots : *un, deux, trois, quatre, cinq, six, sept, huit, neuf* et *dix*, qui font connaître les collections d'unités ; et les mots : *unité, dizaine, centaine, mille, dix mille, cent mille, million, dix millions, cent millions, billion* ou *milliard, dix billions,.. trillion,.. quatrillion,..quintillion,.. sextillion*, etc., qui font connaître les différents ordres auxquels appartiennent ces collections d'unités.

Tout ce mécanisme, si simple et pourtant si ingénieux, constitue la *numération parlée.*

RÉCAPITULATION ET PRINCIPES.

I. *Une collection de dix unités quelconques forme une unité d'un ordre supérieur.*

II. *Les différents nombres, ou collections d'unités, sont désignés par les seuls mots : un, deux, trois,... neuf, dix.*

III. *Les différents ordres d'unités auxquels appartiennent les nombres, sont désignés par les mots : unité, dizaine, centaine, mille, dix mille, cent mille, million, dix millions, cent millions, billion,.. trillion, quatrillion,... quintillion,.. etc., dont il est facile d'étendre la nomenclature.*

IV. *La combinaison de ces deux espèces de mots donne le moyen d'énoncer tous les nombres possibles.*

QUESTIONS.

Comment se sont formés les premiers nombres ? — Pourquoi s'est-on arrêté à dix ?

Qu'appelle-t-on unité du second ordre ? — Comment se forment les nombres intermédiaires entre une dizaine et la suivante ? — Quels sont ceux de ces nombres dont l'usage a modifié l'énonciation ?

Quelles sont les unités du second ordre ? — du troisième ordre ? — du quatrième, etc. ? — Quels sont les nombres intermédiaires ?

De quel ordre sont les trillions ? — les sextillions ? — les centaines de sextillions, etc. ?

Nota. Ces questions peuvent se multiplier, et nous laissons au maître le soin de les étendre, selon l'intelligence de ses élèves et le temps dont il peut disposer. Nous ferons seulement observer que, bien que nous ne les indiquions pas, des questions semblables peuvent, et, autant qu'il sera possible, doivent être faites après chaque théorie. L'expérience a prouvé combien ces exercices ou questions sont utiles pour s'assurer que ce qu'on enseigne a été compris et retenu.

CHAPITRE III.

Suite de la numération.

NUMÉRATION ÉCRITE.

15. Après avoir trouvé le moyen d'exprimer tous les nombres avec quelques mots seulement, on a encore cherché s'il était possible de les écrire plus simplement que par les procédés ordinaires, et cette seconde partie de la numération s'appelle la *numération écrite*.

Ce moyen n'a pas été difficile à trouver. On a d'abord représenté les mots *un, deux, trois, quatre, cinq, six, sept, huit* et *neuf*, par de simples traits, de formes différentes, auxquels on a donné le nom de *chiffres*, et qui sont : 1, 2, 3, 4, 5, 6, 7, 8, 9.

Avec ces chiffres, on peut représenter les nombres formés par les unités de tous les ordres (14).

16. On est ensuite convenu que *tout chiffre qui sera écrit à la gauche d'un autre exprimera des unités de l'ordre immédiatement supérieur;* et dès-lors on a pu, avec les chiffres dont nous venons de parler, non-seulement représenter les nombres formés par des unités de différents ordres, mais encore faire connaître à quel ordre appartient chacun de ces nombres.

Ainsi, le nombre simple *sept* est représenté par le seul chiffre 7; le nombre *vingt-sept*, composé de deux unités du second ordre et de sept unités simples, est représenté par 27; le nombre *trois cent vingt-sept*, composé de trois unités du troisième ordre, de deux unités du second, et de sept unités simples, s'écrit : 327. Le nombre *huit mille cinq cent quarante-neuf* s'écrira : 8549.

17. Mais il peut arriver que, dans un nombre formé d'unités de plusieurs ordres, il manque des unités des ordres intermédiaires ou bien des ordres inférieurs; tel est le nombre *trois cent sept* qui ne renferme pas de dizaines; tel est encore le nombre *trois cents* qui ne renferme ni dizaines, ni unités simples.

Pour que, dans l'écriture de ces nombres, chaque chiffre occupe bien la place qui lui convient, on est obligé de se servir d'un chiffre auxiliaire qui n'a aucune valeur par lui-même, et qu'on peut mettre à la place des unités qui manquent. Ce chiffre auxiliaire se forme ainsi 0, et on l'appelle *zéro*. Alors le nombre *trois cent sept* s'écrit: 307; et le nombre *trois cents* s'écrit: 300.

18. D'après ces conventions, 12465 représente le nombre *douze mille quatre cent soixante-cinq;* 10405 représente *dix mille quatre cent cinq; un million* s'écrira: 1000000; et *trente-huit mille cinquante-neuf,* 38059. 420708536 représente le nombre *quatre cent vingt millions sept cent huit mille cinq cent trente-six unités* (*).

(*) La plupart des auteurs donnent un moyen simple, et fort rationnel, d'écrire et d'énoncer les grands nombres. Ce moyen consiste à partager, au moins par la pensée, le nombre écrit, en tranches de trois chiffres chacune, en allant de droite à gauche. La 1.re tranche à droite exprime des unités, des dizaines et des

Nous pourrions multiplier ces exemples, afin de faciliter l'intelligence et l'application des principes de la numération ; mais les exercices qui terminent ce chapitre, étudiés et préparés avec soin par les élèves, expliqués ensuite par un maître habile, apprendront à écrire et à énoncer sans difficulté tous les nombres possibles.

19. Il suit de ce qui précède que les chiffres ont deux valeurs ; l'une *absolue*, qu'ils ont par eux-mêmes et de laquelle ils ne se dépouillent jamais ; l'autre *relative*, qui dépend de la place qu'ils occupent dans un nombre écrit et qui varie selon qu'ils représentent des unités, ou des dizaines, ou des centaines, ou des mille, etc. Ainsi, dans le nombre 666, chacun des chiffres 6 a la même valeur absolue ; mais le second chiffre, qui exprime des dizaines, vaut relativement dix fois plus que celui qui est à la droite et qui n'exprime que des unités ; le troisième vaut relativement dix fois plus que le second, et cent fois plus que le premier.

20. Il suit encore de ce que nous avons dit, que, si l'on écrit un ou plusieurs zéros à la droite d'un nombre, on rend ce nombre dix fois, cent fois, mille fois, etc., plus fort ; parce que tous les chiffres qui représentent ce nombre se trouvent reportés d'un ou de plusieurs rangs vers la gauche, et ils acquièrent

centaines simples ; la 2.ᵉ exprime des unités, des dizaines et des centaines de mille ; la 3.ᵉ exprime des unités, des dizaines et des centaines de millions ; la 4.ᵉ est pour les billions ou milliards ; la 5.ᵉ est pour les trillions, et ainsi de suite. Ce moyen est déduit des principes adoptés dans les deux numérations.

par là une valeur relative, dix, ou cent, ou mille fois, etc., plus forte. Tels sont les nombres 95, 950, 9500, 95000, etc., dont le second est dix fois plus fort que le premier; le troisième, cent fois plus fort, et le quatrième, mille fois plus fort.

Réciproquement, si un nombre est terminé à droite par un ou plusieurs zéros, on peut, en supprimant ces zéros, rendre le nombre dix fois, ou cent fois, ou mille fois, etc., plus faible.

21. Il faut remarquer que les zéros qu'on écrirait à la gauche d'un nombre ne sauraient en changer la valeur, puisque chaque chiffre conserverait sa valeur relative, et qu'un ou plusieurs zéros introduits dans un nombre écrit changeraient la valeur des chiffres qui se trouveraient à la gauche de ces zéros, tandis que les chiffres de droite conserveraient leur valeur première.

RÉCAPITULATION ET PRINCIPES.

I. *Dans un nombre écrit, les unités de différents ordres sont représentées par les chiffres 1, 2, 3, 4, 5, 6, 7, 8, 9 et 0, et les différents ordres d'unités sont exprimés par le rang qu'occupent ces chiffres.*

II. *Les chiffres ont deux valeurs : l'une absolue qu'ils ont par eux-mêmes, et l'autre relative, qui dépend de la place qu'ils occupent.*

III. *Le chiffre 0 n'a pas de valeur absolue ; il sert dans l'écriture des nombres à tenir la place des ordres d'unités qui peuvent manquer, afin que les autres chiffres soient bien au rang qui leur convient.*

IV. *Tout 0 écrit à la droite d'un nombre rend*

ce nombre 10 fois plus fort ; deux 0 le rendent cent fois plus fort ; trois 0, mille fois plus fort, et ainsi de suite. Réciproquement, la suppression des 0 qui peuvent se trouver à la droite d'un nombre rend ce nombre 10, 100, 1000 fois, etc. , plus faible.

EXERCICES.

Énoncer les nombres suivants :

3405	7010208
6091	100400709
2457392	304785045010, etc., etc.

Écrire en toutes lettres ces nombres et d'autres dictés par le maître.

Écrire en chiffres les nombres suivants : *quatre cent vingt-cinq, sept mille deux cent treize, vingt mille quarante-trois, quatre-vingt-huit millions soixante et quinze mille quatre, treize milliards,* etc , etc.

On dit que le nombre de grains de sable que forme la terre est représenté par 33 suivi de vingt-deux zéros ; écrire et énoncer ce nombre.

Le soleil est à peu près *un million trois cent vingt-huit mille* fois plus gros que la terre ; écrire ce nombre.

La distance de ces deux corps est de 153000000 kilomètres ; énoncer ce nombre, etc.

Rendre le nombre précédent cent fois plus faible ; puis, dix mille fois ; puis, cent mille fois, etc.

Rendre 74 dix fois plus fort ; puis, mille fois ; puis, un million de fois, etc.

Combien, dans 45378, y a-t-il de dizaines ? Combien de mille ? Combien de centaines ? Quelle est la valeur absolue du cinquième chiffre ? Quelle est sa valeur relative, etc. ?

CHAPITRE IV.

Numération des fractions.

22. Il peut arriver que la grandeur à mesurer soit plus petite que celle qu'on a choisie pour unité. Alors, au lieu de l'unité tout entière, on prend pour terme de comparaison l'une de ses parties, et le nombre qui en résulte prend le nom de *fraction*.

23. Pour cela, étendant le principe de la numération d'après lequel *une unité d'un ordre quelconque vaut dix unités de l'ordre immédiatement inférieur*, on considère l'unité simple comme formée elle-même de dix parties plus petites, appelées *dixièmes;* chaque dixième, comme composé de dix *centièmes;* chaque centième, de dix *millièmes;* chaque millième, de dix *dix-millièmes;* et ainsi de suite.

24. Si la grandeur n'égale qu'un certain nombre de dixièmes, on exprime ce rapport par un chiffre écrit à la droite de celui des unités simples, ou d'un zéro qui en tient la place et dont on le sépare par un signe dont on est convenu, c'est-à-dire par une virgule.

Nous avons vu, en effet, que tout chiffre écrit à la droite d'un autre, exprime des unités dix fois plus petites.

Ainsi, si la grandeur est égale à quatre fois la dixième partie de l'unité, on écrira la fraction de cette manière 0,4.

Si elle est égale à un ou plusieurs centièmes, on

écrira la fraction avec deux chiffres qu'on placera à la droite de la virgule, en observant que dix centièmes forment un dixième. *Huit centièmes* s'écrivent donc 0,08, et *trente-sept centièmes* 0,37 ; dans cette dernière fraction, il y a trois dizaines de centièmes qui forment 3 dixièmes.

D'après cela, *vingt-six millièmes* s'écrivent : 0,026, et *mille quatre cent trente-cinq dix-millièmes*, 0,1435. Ce dernier nombre peut encore être considéré comme composé de 1 dixième, 4 centièmes, 3 millièmes et 5 dix-millièmes.

25. Le plus souvent une fraction accompagne un autre nombre ; l'expression prend alors le nom de *nombre fractionnaire*.

On conçoit, en effet, que , lorsqu'on mesure une grandeur ou quantité, il peut arriver qu'après avoir trouvé que l'unité est contenue un certain nombre de fois dans la grandeur, il reste une partie de celle-ci, qu'on ne peut plus comparer qu'à l'une des subdivisions de l'unité ; de manière qu'on obtient un nombre *entier*, plus une fraction. On écrit la fraction à la suite du nombre entier en les séparant par la virgule. Ainsi, *dix-sept unités cent quinze millièmes* s'écrivent 17,115.

26. Au lieu d'une partie *décimale* de l'unité, on peut encore se servir de toute autre subdivision ; par exemple, de la troisième, ou de la cinquième, ou bien encore de la quinzième partie, etc. ; mais alors la fraction ne peut plus s'écrire comme nous venons de le dire. Il faut nécessairement employer deux nombres, l'un pour faire connaître quelle partie de l'unité on a prise pour terme de comparaison,

et l'autre pour indiquer le résultat ou la valeur de la fraction. Le premier de ces deux nombres s'écrit au-dessous de l'autre, et on les sépare par un trait horizontal.

Supposons que l'on ait pris pour terme de comparaison la *huitième* partie de l'unité, et que cette huitième partie soit contenue *cinq* fois dans la grandeur à mesurer ; la fraction doit s'écrire $\frac{5}{8}$ et s'énonce : *cinq huitièmes* : elle indique cinq fois la huitième partie de l'unité. Le nombre placé au-dessus du trait s'appelle le *numérateur* de la fraction, et l'autre, le *dénominateur*. $\frac{7}{11}$ exprime un nombre égal à sept fois la onzième partie de l'unité et s'énonce *sept onzièmes;* $\frac{15}{29}$, *quinze vingt-neuvièmes,* etc. ; cependant les fractions 1/2, 2/3 et 1/4 s'énoncent *un demi, deux tiers* et *un quart.*

27. Il y a donc deux sortes de fractions : l'une *décimale*, comme 0,37, ou qui exprime des parties d'unité de dix en dix fois plus petites ; l'autre *ordinaire*, comme $\frac{5}{8}$, ou dont les parties appartiennent à l'une quelconque des subdivisions de l'unité.

28. Dans tous les cas, une fraction, ordinaire ou décimale, peut toujours être considérée comme *un nombre qui exprime une ou plusieurs parties égales de l'unité.*

29. Nous devons faire remarquer :

1° Que, dans une fraction ordinaire, si le numérateur est plus fort que le dénominateur, l'expression n'est plus une fraction proprement dite, puisqu'on indique un nombre composé de plus de parties que n'en contient l'unité elle-même : c'est alors un *nombre fractionnaire* (25). Telles sont les expressions $\frac{11}{7}$ et $\frac{9}{4}$. Mais parce que, d'après un axiôme (*) reçu de tous les mathématiciens, *le tout est égal à la somme des parties dans lesquelles il a été divisé,* il est évident que $\frac{7}{7}$ et que $\frac{4}{4}$ égalent chacun 1 unité; et que, par conséquent, $\frac{11}{7}$ et $\frac{9}{4}$ valent, l'un 1 unité plus $\frac{4}{7}$, et l'autre 2 unités plus $\frac{1}{4}$.

2° Que le déplacement de la virgule, dans un nombre *décimal fractionnaire,* rend ce nombre de dix en dix fois plus fort, si on la transporte d'un ou de plusieurs rangs de gauche à droite, et de dix en dix fois plus faible, si on la transporte d'un ou de plusieurs rangs de droite à gauche. Car, puisque la virgule détermine la place des unités, si on la transporte, on change la valeur relative de tous les chiffres. Ainsi, 43,251 est dix fois plus fort que 4,3251, et cent fois plus faible que 4325,1.

3° Que dans une fraction décimale on peut, sans en changer la valeur, ajouter ou supprimer des zéros à la droite. Ainsi : 0,45 sont de même valeur

(*) Vérité qui n'a pas besoin d'être démontrée.

que 0,450, que 0,45000, etc. ; et réciproquement,
que 0,4500 sont de même valeur que 0,450, que
0,45. En effet, la fraction indique bien 10, ou 100,
ou 1,000. fois, etc., plus de parties, quand on
ajoute des zéros à la droite du nombre ; mais en
même temps ces parties deviennent 10, ou 100, ou
1,000 fois, etc., plus petites. Quand on supprime
des zéros, les parties deviennent d'autant plus fortes
qu'on en diminue le nombre : il y a toujours com-
pensation. D'ailleurs, les chiffres décimaux ne
changent point de valeur relative, et, en les énonçant un à un, on reconnaîtra que le nombre contient
les mêmes parties décimales qu'avant l'addition ou
la suppression des 0 à la droite.

RÉCAPITULATION ET PRINCIPES.

I. *On appelle* fraction *le nombre qui résulte de la
comparaison d'une grandeur à une partie seulement
de l'unité.*

*On peut dire aussi qu'une fraction est un nombre
qui exprime une ou plusieurs parties égales de
l'unité.*

II. *Une fraction est dite* décimale *lorsqu'on prend
pour terme de comparaison la dixième, ou la centième, ou la millième partie, etc., de l'unité; elle
est dite* ordinaire, *lorsque ce terme de comparaison
est l'une quelconque des parties de l'unité.*

*On peut dire encore qu'une fraction décimale est
celle qui exprime des parties d'unités de dix en dix
fois plus petites; et qu'une fraction ordinaire est
celle qui exprime des parties quelconques de l'unité.*

III. *Une fraction décimale s'écrit à la suite des
nombres entiers, dont on la sépare par une virgule;*

et, *pour la fraction ordinaire, on emploie deux nombres écrits l'un au-dessus de l'autre et séparés par un trait horizontal.*

IV. *Le changement de place de la virgule rend un nombre décimal de dix en dix fois plus fort ou de dix en dix fois plus faible, selon qu'on la transporte de gauche à droite ou de droite à gauche.*

V. *On peut, à la droite d'une fraction décimale, ajouter ou supprimer des zéros, sans changer la valeur de cette fraction.*

EXERCICES.

Énoncer les fractions suivantes :

0,34	3,001
0,5010	0,100450
436,29	134,99, etc.

Écrire en toutes lettres la valeur de ces fractions.

Écrire en chiffres les fractions suivantes : douze centièmes, quatre-vingt-dix-sept millièmes, quatre cent cinq dix-millièmes, deux cent soixante-sept unités trente-quatre millièmes, vingt-cinq unités trois billionièmes, etc.

Énoncer, puis écrire en toutes lettres la valeur des fractions suivantes : $\frac{4}{27}$, $\frac{12}{45}$, $\frac{3}{4}$, $\frac{485}{1001}$, $\frac{61}{80}$, $\frac{34430}{904517}$, $\frac{6487}{35}$, etc.

Rendre le nombre 3409,4504 d'abord 10 fois, puis 1000 fois, puis 100000 fois plus fort ; le rendre 100 fois, puis 1000 fois, puis 100000 fois plus faible, etc.

Dire ce que devient ce même nombre avec trois zéros de plus à la droite de la fraction, et l'énoncer.

Le jour est la *trois cent soixante-cinquième* partie de l'année : écrire cette fraction.

La terre n'est que la *quatorze cent soixante et dixième* partie de la planète appelée Jupiter ; la *huit cent quatre-vingt-septième* partie de Saturne, et la *un million trois cent vingt-huit mille deux cent cinquantième* partie du soleil : écrire ces fractions.

QUESTIONS.

Pour s'assurer que ce chapitre, l'un des plus importants, a été bien compris, le maître exigera encore des réponses précises aux questions suivantes :

D'où viennent les fractions ?—Combien y en a-t-il de sortes ?— En quoi diffèrent les fractions ordinaires des fractions décimales ?—Pourquoi, dans une fraction décimale, n'écrit-on pas le dénominateur ?

Comment rend-on une fraction décimale dix fois, cent fois, mille fois, etc., plus grande ou plus petite ?—Pourquoi l'addition ou la suppression des 0 à la droite d'une fraction décimale n'en change-t-elle pas la valeur ?

Qu'est-ce qu'un nombre fractionnaire ?—En quoi diffère-t-il d'une fraction proprement dite ? —Que vaut une fraction dont le numérateur et le dénominateur sont des nombres égaux ?—Pourquoi toutes ces fractions valent-elles 1 ?

Que devient une fraction lorsqu'on augmente ou qu'on diminue son numérateur ?—Lorsqu'on augmente ou qu'on diminue son dénominateur ?—Pourquoi ? etc.

CHAPITRE V.

Des unités en usage, et des différentes espèces de nombres.

30. Nous avons dit, au chapitre I (5), que, pour mesurer toutes les grandeurs de la même espèce, on avait adopté une seule unité. Or, toutes les grandeurs peuvent se ramener à neuf espèces principales ; savoir : les *longueurs*, les *surfaces*, les *solides*, les *capacités* ou contenances, le *poids*, les *monnaies*, le *temps* ou la durée, les *angles* ou l'écartement plus ou moins grand de deux lignes qui se coupent, et les *collections d'individus*.

Ainsi, le voyageur ne considère que la longueur du chemin qu'il a à parcourir ; le propriétaire, que la surface du champ qu'il achète ; le tailleur de pierres, que la solidité ou grosseur du bloc qu'il travaille ; le marchand de vin, que la capacité ou contenance du tonneau qu'il remplit ; le voiturier, que le poids du chargement qu'il reçoit ; le négociant, que la monnaie qu'on lui donne en échange de ses marchandises : l'historien a besoin de connaître le temps qui s'est écoulé d'un événement à un autre ; le géomètre, l'écartement des lignes qui forment les angles ; et un général, le nombre d'individus ou de soldats qui sont sous ses ordres.

31. Il y a donc nécessairement neuf unités principales, qu'il est important de connaître et que nous allons indiquer sommairement, nous réservant d'en parler avec plus de détails lorsque nous traiterons du nouveau système des poids et des mesures.

32. Pour mesurer les longueurs, on a adopté la dix-millionième partie de la distance du pôle à l'équateur, ou du quart du méridien terrestre, et on a donné à cette unité le nom de *mètre*.

33. Les petites surfaces se mesurent au moyen d'un carré qui a un mètre dans chacun de ses côtés; mais, pour les grandes surfaces, comme celle d'un champ, ou d'un domaine, ou bien encore de toute une commune, on se sert d'un carré dont les côtés ont chacun 10 mètres et qu'on appelle *are*.

34. Les blocs de pierre, le gravier qu'on transporte sur les routes, les arbres, en un mot tous les solides, se mesurent au moyen d'un mètre cube; c'est-à-dire qu'on les compare à un solide de la forme d'un dé à jouer, et qui a 1 mètre de long, 1 mètre de large, et 1 mètre de haut.

On donne à cette unité le nom de *stère*, lorsqu'on s'en sert pour le bois à brûler et le charbon de terre.

35. Le *litre* est l'unité de capacité; c'est avec cette unité qu'on mesure les liquides et les grains; c'est-à-dire tout ce qui a besoin d'être contenu dans un vase. On l'a déterminé en prenant la capacité d'un petit cube qui n'a qu'un décimètre dans chacune de ses dimensions.

Dans la pratique on ne lui a pas conservé la forme cubique, mais c'est toujours la même contenance.

36. Pour l'unité de poids, on a pris une bien petite quantité (nous en dirons la raison plus tard). Les savants ont cherché, par des procédés très exacts,

ce que pèse la quantité d'eau pure et très froide que peut contenir un vase cube, dont toutes les dimensions intérieures n'ont qu'un centimètre de longueur; ce poids a été pris pour unité, et on lui donne le nom de *gramme*.

37. Par monnaies, on entend certaines matières qu'on peut donner en échange contre toute espèce de marchandises. La multiplicité des transactions qui ont nécessairement lieu parmi les hommes vivant en société, a rendu indispensable l'emploi des monnaies. En France, on a pris pour unité de monnaie une petite quantité d'argent mêlé de 1 partie de cuivre sur 10, et pesant 5 grammes. Cette unité prend le nom de *franc*.

Chaque nation ne prend pas pour unité la même quantité d'argent et ne lui donne pas le même nom; mais tout fait espérer que, dans l'intérêt du commerce, il s'établira de plus en plus une utile conformité sur toute la surface du globe.

Nous ferons observer que toutes les unités précédentes dépendent plus ou moins directement du mètre, et que pour cette raison on les appelle *unités métriques*. Il n'en est pas de même des trois unités suivantes.

38. L'unité de temps est l'*année*, c'est-à-dire ce qui s'écoule de moments pendant que la terre tourne autour du soleil pour revenir à son point de départ. La somme de ces moments embrasse environ 365 jours 6 heures et 49 minutes.

100 ans forment un siècle.

39. Les angles jouent un grand rôle dans l'étude

de la géométrie, c'est-à-dire dans l'étude approfondie des distances, des surfaces et des solides : leur grandeur, qui consiste dans l'écartement des deux lignes qui les forment en se coupant à un même point, a besoin d'être mesurée avec beaucoup de précision. Pour unité on a adopté la trois cent soixantième partie de toute circonférence de cercle dont le centre est au sommet de l'angle ou à l'intersection des deux côtés, et on lui donne le nom de *degré*.

40. Quant aux collections d'individus, il a été impossible d'assigner la même unité pour toutes ; chaque collection est mesurée au moyen d'un individu pris pour unité. Ainsi, quand on dit que dans une classe il y a quarante-cinq élèves, que dans une armée il y a trois mille soldats, que dans une forêt il y a neuf mille trois cent vingt-cinq arbres, etc., un élève, un soldat, un arbre, servent d'unité.

41. Les six premières unités, c'est-à-dire toutes celles qui sont métriques, se subdivisent en parties de dix en dix fois plus petites, qu'on désigne par les mots *déci, centi* et *milli,* suivis du nom de l'unité elle-même ; comme *décimètre,* ou dixième partie du mètre ; *centiare,* ou centième partie de l'are ; milligramme, ou millième partie du gramme, etc. Mais pour les divisions du franc, l'usage a adopté les dénominations de *décime, centime* et *millime.*
Pour désigner des collections de 10, de 100, de 1000 et de 10000 unités métriques, on se sert des mots *déca, hecto, kilo* et *myria,* placés devant les noms des unités. Ainsi, pour désigner 10 mètres, on dit un *décamètre ;* pour 100 ares, un *hectare ;*

pour 1000 grammes, un kilogramme, etc. Quelques unités n'ont pu adopter ces dénominations pour tous leurs multiples ou pour tous leurs sous-multiples ; soit parce que les quantités désignées seraient trop grandes ou trop petites, comme les kilostères, les myrialitres ou les millilitres ; soit parce que, en réalité, ces quantités n'auraient pas de base appréciable en nombres, comme le décare, le déciare ; soit enfin, parce que leurs dénominations seraient mal sonnantes à l'oreille, comme déca-franc, kilo-franc, etc.

On trouvera de plus grands détails dans les quatre premiers chapitres de la troisième partie de ce traité,

Le tableau suivant indique les unités métriques avec ceux de leurs multiples et de leurs sous-multiples qui sont en usage :

Valeur.	UNITÉS DE					
	Longueur.	Superficie.	Solidité.	Capacité.	Poids.	Monnaie.
10000	myriamètre	100 hectares	10000 stères	100 hectolitres	10 kilogrammes	»
1000	kilomètre	10 hectares	1000 stères	10 hectolitres	kilogramme	»
100	hectomètre	hectare	100 stères	hectolitre	hectogramme	»
10	décamètre	10 ares	décastère	décalitre	décagramme	»
1	MÈTRE	ARE	STÈRE	LITRE	GRAMME	FRANC
0,1	décimètre	10 centiares	décistère	décilitre	décigramme	décime
0,01	centimètre	centiare	»	centilitre	centigramme	centime
0,001	millimètre	»	»	»	milligramme	millime

42. Tout le monde sait que l'année se divise en 12 mois ; le mois, en 31 ou 30 et même 28 jours ; le jour, en 24 heures ; l'heure, en 60 minutes ; la minute, en 60 secondes.

Le degré vaut 60 minutes ; la minute, 6 secondes ; et la seconde, 60 tierces.

L'individu ne comporte pas de subdivisions, ainsi qu'il est facile de le reconnaître en considérant la nature même de cette unité (*).

Nota. Nous ne parlons pas des unités secondaires, comme celles qui servent à mesurer le plus ou moins de chaleur ou d'humidité qu'il peut y avoir dans l'atmosphère, le plus ou moins d'alcool que contient une liqueur, etc. Ces quantités se mesurent à l'aide de certains instruments sur lesquels les colonnes d'observation se rapportent à l'unité de longueur.

43. Lorsqu'en énonçant un nombre on fait connaître l'espèce de l'unité qui l'a produit, ce nombre est dit *concret :* tels sont les nombres 45 mètres, 250 grammes, 20 francs, etc. Les nombres seraient *abstraits* si l'on ne faisait pas connaître l'espèce des unités, comme 4, 28, 167, etc.

44. D'après cela, et d'après ce qui a été dit dans le chapitre précédent, les nombres sont donc *abstraits* ou *concrets, entiers* ou *fractions* ou *fractionnaires*. De plus, les nombres qui ne sont pas métriques sont dits *incomplexes*, lorsqu'ils ne renferment aucune de leurs subdivisions, comme 365 jours, 42 degrés ; ils sont *complexes*, dans le cas contraire, comme 10 ans 29 jours 7 heures ; ou bien, 24 degrés 55 minutes 52 secondes.

(*) Lorsque, vers la fin du siècle dernier, le gouvernement républicain décréta qu'il serait fait usage dans toute la France d'un nouveau système des poids et des mesures, on essaya de rendre au moins décimales les divisions de l'année et du degré, ne pouvant donner à ces unités des bases métriques. Mais l'emploi des anciennes divisions a prévalu : la loi ne les défend pas, et tout le monde, aujourd'hui, n'en reconnaît pas d'autres.

RÉCAPITULATION ET PRINCIPES.

I. *Il y a neuf unités principales qui servent à mesurer toutes les grandeurs : de ces neuf unités, six
sont métriques ou basées sur le mètre, et trois ne le
sont pas.*

II. *Les divisions des unités métriques sont décimales ; l'année et le degré ont des divisions particulières, et l'individu ne saurait en avoir.*

EXERCICES.

Faire connaître les différentes espèces de gran-
-deurs, et dire quelle est l'unité qui sert à mesurer
chacune d'elles.

Expliquer comment cinq de ces unités sont formées
à l'aide du mètre.

Exprimer en fraction le rapport du mètre au
quart du méridien terrestre, puis au méridien tout
entier.

Dire combien de mètres aurait à parcourir celui
qui ferait le tour du monde du nord au midi ; dire
ensuite combien il mettrait d'heures pour faire ce
voyage, s'il ne s'arrêtait pas et qu'il parcourût un
myriamètre par heure.

Trouver combien dans 1 litre il y a de centilitres ;
combien de millilitres ; combien dans un hectolitre il
y a de décalitres, etc.

Chercher combien 1 hectare vaut de centiares ;
ce que coûtent 100 hectares, si l'are est payé 10 fr.

Si un gramme de marchandise coûte 3 francs,
dire combien doit coûter l'hectogramme ; combien
doivent coûter 100 kilogrammes.

Si un vase contient 125 litres, combien contiendront 10 vases de la même contenance? et, dans ce nombre de litres, combien y aura-t-il d'hectolitres, de décalitres, de décilitres, de centilitres? etc.

Nota. Toutes ces questions doivent être résolues à l'aide des seuls principes démontrés dans les chapitres qui précèdent. Nous laissons au maître le soin de les étendre ou de les restreindre, selon le degré d'intelligence et surtout selon le besoin de ses élèves. Mais il est important que cette première partie soit bien comprise, avant d'étudier la seconde.

SECONDE PARTIE.

OPÉRATIONS SUR LES NOMBRES.

45. Les nombres sont essentiellement variables; ils sont tous susceptibles d'être rendus plus grands ou plus petits. Mais ces changements ne s'opèrent mathématiquement que d'après certaines règles qui constituent les quatre opérations fondamentales de l'arithmétique, l'ADDITION, la SOUSTRACTION, la MULTIPLICATION et la DIVISION.

L'étude de ces quatre opérations, appliquées à toute espèce de nombres, fera l'objet de cette seconde partie; ce que nous avons déjà dit des nombres, de leur formation et de leur emploi, facilitera l'intelligence des démonstrations que nous aurons à donner. C'est la partie la plus pratique; c'est aussi celle sur laquelle le maître devra insister le plus.

46. Mais auparavant il est nécessaire de bien comprendre et de retenir ce qui suit :

I. On donne, en arithmétique, le nom de *problème* à toute question à résoudre au moyen de certains nombres connus.

II. *Résoudre un problème*, c'est effectuer sur les nombres donnés les opérations nécessaires pour arriver à la connaissance d'un nombre inconnu qui réponde à la question proposée.

III. Les opérations à effectuer sur les nombres s'indiquent par des signes de convention, qu'on place devant les nombres et qui sont : pour l'addition, $+$; pour la soustraction, $-$; pour la multiplication, $\times$, ou simplement un point (.), placé entre deux nombres; pour la division, deux points (:), ou bien encore un trait horizontal, au-dessus et au-dessous duquel on écrit les deux nombres soumis à l'opération, comme dans une fraction ordinaire; pour indiquer que deux quotités sont égales, $=$; que l'une est plus grande que l'autre, $>$; que l'une est plus petite que l'autre, $<$. Il y a encore d'autres signes que nous ferons connaître lorsqu'il en sera besoin.

IV. Parmi les axiômes, ou vérités évidentes par elles-mêmes, il faut surtout retenir les suivants :

1.º Toute quantité peut être divisée en un certain nombre de parties égales ;

2.º Le tout est égal à la somme des parties dans lesquelles il a été divisé ;

3.º La partie est toujours plus petite que le tout ;

4.º Plus on fait de parties avec une quantité, plus les parties sont petites; et moins on fait de parties, plus elles sont grandes.

CHAPITRE PREMIER.

De l'addition.

47. L'ADDITION *est une opération par laquelle on réunit en un seul plusieurs nombres de la même espèce.* Le résultat de cette opération prend le nom de *somme* ou de *total*.

Par nombres de la même espèce, il faut entendre

tous ceux qui ont été formés à l'aide de la même unité.

Supposons qu'un négociant ait 4250 fr. dans sa caisse, et que, dans la journée, il reçoive 738 fr. de l'un de ses débiteurs, 54 fr. d'un autre et 1267 fr. d'un troisième; pour savoir le nombre de francs qu'il a alors en caisse, le négociant doit *réunir* ou *additionner* ces divers nombres, et vérifier si leur somme est bien égale à ce qu'il y a dans la caisse.

48. Or, pour effectuer une addition, quels que soient les nombres à réunir, voici la règle générale à suivre : *on écrit les nombres proposés les uns au-dessous des autres, de manière que les unités de même ordre se trouvent dans une même colonne verticale ; on tire un trait horizontal sous le dernier nombre, et l'on ajoute les unes aux autres toutes les unités simples des nombres à additionner formant la première colonne à droite.* (Un peu d'habitude rend très facile cette première partie de l'opération ; on pourrait, du reste, se servir de ses doigts si l'on avait la mémoire ou l'intelligence peu sûre encore.) *Si la somme de cette première colonne est moindre que 10, on écrit au-dessous du trait et sous les unités mêmes le résultat tel qu'on l'a obtenu ; mais si cette somme partielle contient des dizaines, on ne doit écrire sous les unités que l'excédant, c'est-à-dire que le nombre d'unités simples dont la réunion ne peut former une dizaine, et reporter à la seconde colonne autant de dizaines qu'on a pu en former avec les unités simples. On opère ensuite sur la colonne des dizaines absolument comme on l'a fait sur celle des unités simples, en ayant soin d'y comprendre la retenue dont nous venons de parler.*

2*

Puis on passe à la colonne des centaines; puis à celle dès mille, et ainsi de suite jusqu'à la dernière colonne à gauche, dont le résultat doit être écrit tel qu'on le trouve.

Le nombre, formé par les chiffres ainsi obtenus et placés chacun sous la colonne qui les a produits, indique la somme cherchée.

Ce nombre en effet, contient bien toutes les unités, toutes les dizaines, toutes les centaines, etc., des nombres à additionner.

D'après cela, le négociant disposera comme il suit les nombres qui représentent ses différentes recettes de la journée, au-dessous de celui qui indique ce qui se trouvait dans la caisse, et il les soulignera :

$$4250$$
$$738$$
$$54$$
$$\underline{1267}$$

Il réunira ensuite les valeurs des chiffres 0, 8, 4 et 7, qui forment la première colonne à droite ou celle des unités, en disant : 0 et 8 égalent 8; 8 et 4 égalent 12; 12 et 7 égalent 19. Or, dans 49 il y a 4 dizaine, plus 9 unités dont la collection ne peut former une dizaine de plus; il écrira donc 9 sous le trait et dans la même colonne que les chiffres qui ont été additionnés, et il reportera 4 à la colonne des dizaines. La somme des chiffres 5, 3, 5 et 6 de la seconde colonne, augmentée de la retenue 4, égale 20 dizaines, ou deux centaines; après avoir écrit 0 au-dessous des dizaines et retenu 2 pour la colonne des centaines, il additionnera les chiffres 2, 7 et 2 de la troisième colonne, dont la somme, augmentée de la retenue 2, égale 13, ou 3 centaines et 4 mille.

Enfin, le 4 et le 1 mille que renferment les nombres donnés, plus 1 mille de retenue, égalent 6, qui s'écrit tel qu'on le trouve au-dessous des mille. Les chiffres 6, 3, 0 et 9 ainsi obtenus forment le nombre 6309, ou la somme demandée. Le négociant doit donc, à la fin de la journée, avoir 6309 fr. dans sa caisse.

L'opération terminée se présente sous la forme suivante :

$$
\begin{array}{r}
4250 \\
738 \\
54 \\
1267 \\
\hline
\text{Total : } \quad 6309
\end{array}
$$

49. Nous proposons, pour premiers exercices, d'effectuer les additions suivantes :

1°	2°	3°	4°
47258	24301	4325	34409045
6745	90576	87908	94863
133630	3483	450	7325086
893	730752	16693	164895
4204	48049	2468	7405070

On pourra encore résoudre les problèmes de 1 à X qui se trouvent à la fin de ce chapitre.

---

50. L'addition des nombres décimaux, fractions ou fractionnaires, se fait comme celle des nombres entiers; il suffit, en écrivant les nombres à additionner, de les bien placer de manière que les virgules se trouvent dans une même colonne verticale, parce que, alors, les unités sont nécessairement sous les unités, les dizaines sous les dizaines, et les dixièmes sous les dixièmes, comme les centièmes

sous les centièmes, etc. On additionne ensuite partiellement les chiffres de chaque colonne, ainsi que nous l'avons dit, en commençant toujours par la droite ; et, parce que 10 centièmes valent 1 dixième ; que 10 dixièmes valent 1 unité, comme 10 unités valent une dizaine, et ainsi de suite, on fait la retenue après avoir additionné les chiffres d'une colonne décimale, de la même manière qu'après avoir additionné une colonne de nombres entiers. Il faut cependant avoir soin de placer une virgule au résultat lorsqu'on passe de la colonne des dixièmes à la colonne des unités.

Soit à résoudre la question suivante : un marchand achète 5 pièces de drap de la même qualité ; la première a 17^m· 45 de longueur ; la seconde, 25^m· 10 ; la troisième, 24^m· 09 ; la quatrième, 29^m· 50 ; et enfin, la cinquième a 17^m· 18 ; on désire savoir combien toutes ces pièces de drap donnent de mètres. Il est évident que toutes ces longueurs partielles devront être réunies en une seule, ce qui est le but de l'addition.

On disposera les nombres comme il suit, et on opèrera comme nous venons de le dire :

$$17^m 45$$
$$25, 10$$
$$24, 09$$
$$29, 50$$
$$17, 18$$

Total :   113^{m}32

Toutes ces pièces de drap forment donc un total de 113^m· 32 de longueur.

51. Nous ferons observer qu'il n'est pas néces-saire que les nombres aient autant de décimales les uns que les autres ; mais qu'il faut toujours que les unités de même ordre , décimales ou entières, soient dans une même colonne verticale, comme dans l'exemple suivant :

$$\begin{array}{r} 0,9101 \\ 32,038 \\ 5,42 \\ 0,078 \\ \hline \text{Total :}\quad 38,4461 \end{array}$$

52. Voici d'autres exemples, dont il faudra dis-poser les nombres avant de les additionner :

1° $4,025 + 0,27 + 450,725 + 4,0048 + 175,4$.
2° $0,004 + 0,240 + 3,3 + 16,405 + 0,25$.
3° $484,05 + 3,278 + 130,0101 + 54,050$.
4° $67,487 + 11,07 + 4582,85 + 94,305$.
5° $0,435 + 9,4530 + 20,607 + 0,874 + 32,135$.
6° $630,0004 + 3484,72 + 1269,043$, etc.

On résoudra ensuite les problèmes de XI à XV, à la fin du chapitre.

———

53. On ne saurait trouver plus de difficultés à additionner des nombres complexes. Du reste, l'em-ploi de ces sortes de nombres est devenu beaucoup plus rare depuis l'introduction du nouveau système des poids et des mesures, et il n'y a guère plus au-jourd'hui que la mesure des angles et celle de la durée qui puissent donner naissance à des nombres complexes.

En voici un exemple : Un vaisseau a tenu la mer pendant 47 jours 9 heures et 35 minutes avant d'aborder une île, où il s'est arrêté pendant 3 jours et 5 heures ; de là pour se rendre à sa destination il a mis 64 jours 17 heures et 40 minutes ; combien de temps a duré sa traversée ?

Il est évident qu'en réunissant les trois nombres de temps donnés par le problème, on trouvera le temps total que ce vaisseau a mis pour arriver à sa destination. On écrira donc ces nombres, en ayant soin de placer les minutes sous les minutes, les heures sous les heures, les jours sous les jours, et de séparer un peu ces différentes subdivisions les unes des autres.

$$
\begin{array}{llll}
& 47\ \text{j.} & 9\ \text{h.} & 35\ \text{m.} \\
& 3 & 5 & 0 \\
& 64 & 17 & 40 \\
\hline
\text{Total :} & 115\ \text{j.} & 8\ \text{h.} & 15\ \text{m.}
\end{array}
$$

On commence par additionner les minutes ; leur somme est 75 ; mais nous avons vu (42) que 60 minutes forment 1 heure ; il y a donc dans ce nombre 1 heure plus un excédant de 15 minutes qu'on écrit au-dessous du trait, et l'on reporte 1 heure à la colonne des heures. L'addition de cette dernière subdivision, augmentée de la retenue 1, donne 32 heures, dont 24 suffisent pour 1 jour ; il y a donc 1 jour à reporter à la colonne des jours, plus un excédant de 8 heures. Enfin, l'addition des jours avec la retenue donne un total de 115 : donc, ce vaisseau a mis pour faire la traversée 115 jours 8 heures et 15 minutes.

Un peu d'exercice apprendra facilement à trouver le nombre d'heures contenues dans plus ou moins de minutes ; le nombre de jours contenus dans plus ou moins d'heures ; le nombre de degrés contenus dans plus ou moins de ses subdivisions, etc.

Il est très avantageux d'être exercé à cette espèce de calcul mental.

On additionnera de même les nombres suivants :

1°	7 a.	5 m.	10 j.	2°	3°	54′	43″	3°	30°	7′	18″
	4	8	27		28	35	9		25	0	7
	12	0	5		7	8	52		9	6	50
	8	10	12		11	12	0		44	3	0
					3	30	15				

Lorsque les nombres sont concrets, on écrit à droite, et un peu au-dessus du nombre, la première lettre du nom de l'unité ; mais, pour les nombres qui indiquent la grandeur des angles, on emploie ° pour les degrés, ′ pour les minutes, et ″ pour les secondes.

Les problèmes de XVI à XVIII, à la fin du chapitre, présentent des additions de nombres complexes.

----

54. Les fractions ordinaires, à cause des deux nombres qu'elles renferment, ont souvent besoin, avant d'être additionnées, de subir certaines opérations préliminaires qui nécessitent l'emploi de la multiplication et même de la division. Ce ne sera donc que plus tard, et dans un chapitre spécial, que nous pourrons nous occuper de la manière d'opérer sur ces sortes de nombres.

55. Quelque exercé qu'on soit dans l'art du calcul, on peut involontairement commettre bien des erreurs. Il est donc nécessaire qu'après une opération on vérifie l'exactitude du résultat, ce qu'on appelle *faire la preuve*. Pour cela, on fait une seconde opération différente de la première, et l'on doit obtenir, s'il n'y a pas d'erreur, un nombre connu d'avance.

Les mathématiciens ont enseigné différentes manières de faire la preuve d'une addition : la plus simple de toutes, et la plus suivie, consiste à additionner de nouveau les nombres proposés, mais en remontant les colonnes, si la première fois on a ajouté la valeur des chiffres en allant de haut en bas, ou réciproquement; et l'on s'assure, après l'addition de chaque colonne, que le chiffre placé au résultat est bien celui que donne cette seconde opération.

Dans cette addition :

$$\begin{array}{r} 4387 \\ 693 \\ 7254 \\ \hline \end{array}$$

Total : 12334

Après avoir dit : 7 plus 3 égalent 10 ; 10 plus 4 égalent 14, dans la preuve on dira 4 plus 3 égalent 7 ; 7 plus 7 égalent 14 : on voit par là que c'est toujours le même chiffre 4 à placer sous les unités ; les autres colonnes se vérifieront de la même manière.

RÉCAPITULATION ET PRINCIPES.

1. *Additionner des nombres, c'est les réunir en un seul.*

II. *Il faut que ces nombres soient de la même espèce.*

III. *On commence l'addition par les colonnes à droite, à cause des retenues.*

IV. *Le résultat est nécessairement plus fort que chacun des nombres proposés.*

V. *La preuve est une seconde opération qui sert à vérifier l'exactitude de la première.*

PROBLÈMES.

I. Dans un voyage on a payé 65 fr. pour les voitures ; 27 fr. pour la nourriture ; 465 fr. pour achat de divers objets ; 28 fr. pour étrennes ou autres menues dépenses : combien a-t-on dépensé en tout ?

II. Un rentier absorbe tous ses revenus ; son loyer coûte 425 fr. ; sa domestique, 120 fr. ; l'entretien de son ménage, 4568 fr. ; son vestiaire, 95 fr. ; il paie une rente viagère de 2615 fr., et ses dépenses imprévues se montent à 678 fr. : quels sont les revenus de ce rentier ?

III. Un percepteur doit recevoir d'une commune 17458 fr. ; d'une autre, 28937 fr. ; d'une troisième, 6782 fr. ; d'une quatrième, 1436 fr.. et d'une cinquième, 8044 fr. : quel est le montant de toute sa recette ?

IV. Pour sa demoiselle en pension, un père a déjà compté 750 fr. pour trois trimestres, plus 284 fr. pour les maîtres d'agrément ; plus 69 fr. pour fournitures diverses, et 45 fr. pour menus plaisirs ; il sera encore payé 250 fr. pour le trimestre restant, et environ 300 francs pour dépenses diverses : quelle somme aura payée le père pour un an de pension de sa fille ?

V. Pour soutenir un procès, on a donné une première

fois 750 fr. à l'avocat ; une seconde fois on lui a compté 1275 fr. ; l'avoué a demandé 4535 fr. ; les huissiers ont reçu 515 fr., et l'enregistrement du jugement a coûté 738 fr. ; toutes ces dépenses ont absorbé entièrement la somme adjugée au gagnant : quelle est cette somme ?

VI. La ville de Toulouse a 87,637 habitants ; Muret, 4,149 ; Saint-Gaudens, 4,869, et Villefranche, 2,762 : quelle est la population de ces quatre villes ?

VII. Un commis-voyageur prend le lundi pour 780 fr. de commissions ; le mardi, pour 1345 fr. ; le mercredi, pour 239 fr. ; le jeudi, pour 45785 fr. ; le vendredi, il n'en prend aucune ; et le samedi, pour 191 fr. seulement : pour quelle somme a-t-il vendu dans toute la semaine ?

VIII. Une propriété est entourée de cinq fossés ; le premier a 154 mètres de longueur ; le second, 83 ; le troisième, 748 ; le quatrième, 1254, et le cinquième, 903 : quelle est la longueur totale de ces fossés ?

IX. Le budget de la France est environ de 1345728658 fr. ; celui de l'Angleterre, de 2045780075 fr. ; celui de l'Espagne, de 83103719 fr. : quelle est la somme de ces trois budgets ?

X. L'arrondissement de Lons-le-Saunier paie annuellement 1172251 fr. d'impositions ; celui de Dole, 878365 f. ; celui de Poligny, 858402 fr. ; celui de St.-Claude, 403880 fr. : combien paie tout le département du Jura ?

XI. Un champ a 64^m 35 dans l'un de ses quatre côtés ; 83^m 25 dans un autre ; 74^m 60 dans le troisième, et 87^m 05 dans le quatrième : quel est son contour ?

XII. Une personne a placé à la caisse d'épargnes 638 fr. 50 c. ; une autre fois elle y a encore porté

238 fr. 75 c.; il lui est dû 32 fr. 25 c. d'intérêts échus : combien est-il dû par la caisse d'épargnes à cette personne ?

XIII. Six ouvriers ont travaillé à un même ouvrage ; le premier en a fait pour sa part 4^m 5 ; le second, 3^m 75 ; le troisième, 5^m 75 ; le quatrième, 4^m ; le cinquième, 5^m 45 ; le sixième, qui a été malade, n'a fait que 0^m 85 : combien ces six ouvriers ont-ils fait d'ouvrage en tout ?

XIV. Un tonneau contient 328$^{lit·}$ 50 ; un autre, 405$^{lit·}$ 75 : quelle devra être la capacité d'un troisième dans lequel on transvasera le contenu des deux premiers ?

XV. On place sur une voiture 9 caisses ; le poids de la première est de 436270 grammes 65 centigrammes ; le poids de la seconde est de 78389 gr. 675; celui de la troisième, de 121635 gr. 9 ; celui de la quatrième, de 9450 gr. 25 ; celui de la cinquième, de 24261 gr. 075; celui de la sixième, de 205430 gr.: celui de la septième, de 3475 gr. 925; celui de la huitième, de 88046 gr. 8; enfin, celui de la neuvième, de 35200 gr. 45 : quel est le poids du chargement, et, dans ce nombre, combien y a-t-il de kilogrammes ?

———

XVI. Un courrier a mis, pour aller de Paris à Lyon, 2 jours 9 heures 45 minutes; de Lyon à Marseille, 1 j. 18 h. 50'; de Marseille à Rome, 4 j. 35', et de Rome à Constantinople, 15 j. 20 h. 54'; il s'est arrêté, en tout, 18 h. 30' : quel temps a-t-il employé pour aller de Paris à Constantinople ?

XVII. Un père avait 27 ans 10 jours, lorsque son fils est venu au-monde ; celui-ci n'a vécu que 11 mois 7 j. 3 h. ; le père lui-même est mort 10 ans 7 mois 4 jours après son fils; quel âge avait ce père quand il est mort ?

XVIII. Un champ est clos par cinq côtés qui forment cinq angles : le premier angle a 124° 15' 46" ; le second, 117° 13' 50' ; le troisième, 112° 50' 34" ; le quatrième, 145° 48', et le cinquième, 39° 49' 50" : quelle est la somme de tous ces angles ?

CHAPITRE II.

De la soustraction.

56. *La* SOUSTRACTION *est une opération par laquelle on cherche la différence entre deux nombres de la même espèce.* Le résultat prend encore le nom de *reste* ou d'*excès.*

Supposons que, pour éteindre une dette de 45639 f., on fasse un premier paiement de 12548 fr. : pour savoir ce qui reste dû, il faut chercher la différence entre ces deux nombres, ou les soustraire l'un de l'autre.

57. Pour faire une soustraction, *on écrit le plus petit nombre au-dessous du plus grand, de manière que les unités de même ordre se correspondent comme dans l'addition. On tire un trait au-dessous du dernier nombre, et, en commençant par la droite, on diminue successivement la valeur de chaque chiffre du nombre supérieur de celle du chiffre correspondant dans le nombre inférieur. Avec un peu d'habitude, on trouve très facilement le reste qu'on écrit au-dessous du trait et dans la même colonne. Ce reste est 0 si les deux chiffres sont égaux ; mais si le chiffre supérieur est moins fort que son correspondant, on l'augmente par la pensée de 10, afin que la diminution soit possible, et l'on ajoute 1 seulement à la valeur du chiffre immédiat à gauche dans le nombre inférieur.*

L'ensemble des chiffres ainsi obtenus exprime la différence qu'on voulait trouver.

Il est évident qu'en déterminant ainsi la différence qui peut exister entre les unités de tous les ordres, on finit par obtenir la différence totale entre les deux nombres proposés.

Nous devons faire observer qu'en augmentant, lorsqu'il en est besoin, le nombre supérieur de 10 unités d'un ordre quelconque, et d'une unité de l'ordre immédiatement plus fort le nombre inférieur, on ne fait qu'ajouter une même quantité aux deux nombres soumis à la soustraction, puisque, comme nous l'avons vu en parlant de la numération, 10 unités d'un ordre quelconque valent 1 unité de l'ordre immédiatement supérieur. Et comme la différence entre deux quantités égales est nécessairement 0, on n'ajoute donc rien à la différence qui existait entre les deux nombres proposés, et la soustraction a été rendue possible.

D'après cela, la soustraction entre 45639 et 12548 s'effectuera de la manière suivante :

$$45639$$
$$12548$$

Différence : $\overline{33091}$

On dira : 9 diminué de 8 donne 1 pour reste ; 3 ne peut être diminué de 4, mais 13 diminué de 4 donne 9 pour reste ; et parce qu'on a augmenté le nombre supérieur de 10 dizaines, il faut augmenter le nombre inférieur de 1 centaine ; on dira donc : 6 diminué de 6 donne 0 pour reste ; 5 moins 2 donne 3 ; et 4 moins 1 donne également 3. Les chiffres 3, 3, 0, 9 et 1 ainsi obtenus forment le nombre 33091, qui exprime la différence totale entre 45639 et 12548, ou ce qui reste à payer.

58. On devra s'exercer à faire les soustractions suivantes :

1° 340927	2° 430085	3° 12424	4° 100000
74543	87057	9768	74000

On résoudra ensuite les problèmes de XIX à XXV, qui sont indiqués à la fin du chapitre.

---

59. Si les nombres sont décimaux, on a soin de les placer de manière que les virgules se correspondent ; et si l'un des deux nombres a moins de décimales que l'autre, on peut à sa droite ajouter un nombre suffisant de zéros. On procède ensuite comme pour la soustraction des nombres entiers ; et lorsque du chiffre des dixièmes on passe à celui des unités, on place une virgule au résultat.

Soit proposé de soustraire 1345^m 658 de 7803^m 83 ; on ajoutera un 0 à ce dernier nombre qui n'a que deux chiffres décimaux tandis que l'autre en a trois, puis on fera la soustraction comme il vient d'être dit :

$$7803,830$$
$$1345,658$$

Différence : 6458,172

Le procédé est le même lorsque les nombres sont des fractions décimales. Pour avoir, par exemple, la différence entre 0,25 et 0, 075, on fera la soustraction suivante :

$$0,250$$
$$0,075$$

Différence : 0,175

Outre les problèmes de XXVI à XXXII, on s'exercera à faire les soustractions suivantes :

$$374,25 - 9,345 \qquad 0,7 - 0,150$$
$$678,05 - 100,7 \qquad 0,1 - 0,001$$
$$42,007 - 9,8785 \qquad 0,3 - 0,29875, \text{ etc.}$$

---

60. La soustraction des nombres complexes demande un peu d'attention; ce sont, pour ainsi dire, plusieurs soustractions dans une seule. Il faut, en effet, retrancher ce que renferment d'unités les diverses subdivisions du nombre inférieur des unités correspondantes dans le nombre supérieur, en commençant par les plus faibles ; puis on retranche les parties entières l'une de l'autre. Mais, s'il arrive que l'une de ces subdivisions ait moins d'unités dans le nombre supérieur que dans l'autre, on augmente par la pensée cette subdivision du nombre supérieur d'autant d'unités qu'il en faut pour former une unité de la subdivision immédiatement plus forte, afin de rendre possible cette soustraction partielle, et l'on augmente de 1 seulement la subdivision immédiatement plus forte, dans le nombre inférieur. On ne fait par là qu'augmenter également les deux quantités, ce qui ne change point leur différence, comme nous l'avons déjà fait observer (57).

Un homme a travaillé pendant 3 mois 8 jours et 4 heures ; un autre n'a travaillé que pendant 2 mois 14 jours et 7 heures : combien de temps le premier a-t-il travaillé de plus que le second?

Il est évident que la différence entre ces deux nombres fera connaître le temps demandé. On dispose les nombres en plaçant les unes au-dessous des autres les unités et les subdivisions de même espèce, et en les séparant un peu :

$$3 \text{ m.} \quad 8 \text{ j.} \quad 4 \text{ h.}$$
$$2 \quad 14 \quad 7$$

$$0 \text{ m.} \quad 23 \text{ j.} \quad 9 \text{ h.}$$

Il faut remarquer que, dans le calcul, à moins de convention contraire, tous les mois sont censés être de trente jours ; dans le commerce on ne les considère pas autrement, et les jours de travail ne sont que de 12 heures. Alors, 4 h. ne pouvant être diminuées de 7, on ajoute à ce nombre 4 un jour de travail ou 12 h., ce qui donne un total de 16 h. ; et, en diminuant ce nombre 16 de 7, on a pour reste 9, qu'on écrit au-dessous du trait. Au lieu de 14 jours dans le nombre inférieur, il faut en supposer 15, puisque le nombre supérieur a été augmenté de 12 heures ou d'un jour. 8 j. ne peuvent être diminués de 15 ; il faut les augmenter de 30 ou d'un mois ; et alors 38 diminués de 15 donnent 23 pour reste. La différence entre 3 et 2+1 ou 3 mois, est 0. Donc le premier ouvrier a travaillé 23 j. et 9 h. de plus que le second.

Il peut arriver que l'un des deux nombres n'ait pas de subdivisions, ou n'ait pas toutes celles qui se trouvent dans l'autre. On remplace alors par des 0 les subdivisions qui manquent, et on opère comme il vient d'être dit.

Si c'est le nombre inférieur qui soit incomplexe, l'opération ne saurait présenter de difficultés.

Par exemple, entre 8 mois 15 jours et 5 mois, la

différence est évidemment de 3 mois 15 jours, et cette différence s'obtient par l'opération suivante :

$$
\begin{array}{ll}
8 \text{ m.} & 15 \text{ j.} \\
5 & 0 \\
\hline
3 \text{ m.} & 15 \text{ j.}
\end{array}
$$

Mais supposons qu'on veuille connaître la différence entre un angle droit ou de 90° et un angle de 37°, 40′ 30″. On disposera le calcul comme il suit :

$$
\begin{array}{lll}
90° & 0′ & 0″ \\
37 & 40 & 30 \\
\hline
52° & 19′ & 30″
\end{array}
$$

Et pour opérer, on augmentera par la pensée le nombre supérieur de 60″ ou d'une minute : la différence entre 60 et 30 est 30, qu'on écrit au-dessous du trait. Au lieu de 40′ dans le nombre inférieur, on en suppose 41, puisque le nombre supérieur a été augmenté d'autant ; et on retranche 41, non de 0′, ce qui est impossible, mais de 60′ ; la différence est 19′. Enfin, la soustraction de 38° de 90 donne pour résultat 52. La différence totale est donc 52° 19′. 30″.

On soustraira de même les nombres complexes suivants :

$$
\begin{array}{lll}
1°\ 45°\ 16′\ 28″ & 2°\ 10\,\text{a.}\ 1\ \text{m.}\ 25\,\text{j.} & 3°\ 160°\ 0′\ 40″ \\
17\ 25\ 15 & 7\ \ 9\ \ 28 & 149\ 56\ 9
\end{array}
$$

Les problèmes de XXXIII à XXXVIII présentent des soustractions semblables.

61. On fait la preuve de la soustraction en additionnant le plus petit des deux nombres avec la différence ; la somme reproduira le plus fort de ces deux nombres si les opérations ont été bien faites.

On peut encore, du grand nombre, soustraire la différence trouvée par la première opération ; s'il n'y a pas d'erreur, le résultat sera égal au plus petit des deux nombres proposés.

---

62. Pour obtenir la solution d'un problème, on est souvent obligé de faire plus d'une opération. La question suivante et les problèmes de XXXIX à XLIV ne peuvent être résolus qu'au moyen d'une addition et d'une soustraction.

Une personne retire annuellement 4650 fr. de ses propriétés, plus 735 fr. 75 c. de divers débiteurs pour prêt d'argent, et environ 2450 fr. de son travail; mais elle dépense tous les ans 5611 fr. 85 c. : quelles sont les économies de cette personne au bout de l'année?

Il est évident que cette économie ne peut être que la différence entre la recette et la dépense : il faut donc bien connaître l'une et l'autre, et soustraire le nombre qui représente la dépense de celui qui représente la recette. On additionnera les recettes partielles 4650 $+$ 735,75 $+$ 2450, et de la somme on retranchera la dépense totale 5611 fr. 85 c.

ADDITION.	SOUSTRACTION.
4650	
735,75	7835,75
2450	5611,85
Total : 7835,75	Différence : 2223,90

Cette personne économise donc tous les ans 2223 fr. 90 c.

RÉCAPITULATION ET PRINCIPES.

I. Soustraire deux nombres l'un de l'autre, c'est déterminer leur différence.

II. Cette différence est nécessairement moindre que le plus grand des deux nombres soumis à la soustraction.

III. Le plus petit nombre augmenté de la différence doit toujours reproduire le plus grand.

IV. On commence la soustraction par la droite, afin de pouvoir augmenter également les deux nombres, lorsque cela est nécessaire pour rendre l'opération possible.

PROBLÈMES.

XIX. La distance de Paris à Toulouse est de 669548 mètres ; celle de Paris à Marseille est de 658264 mètres ; combien la plus grande de ces deux distances a-t-elle de mètres de plus que l'autre ?

XX. La construction d'une maison d'école a été adjugée au prix de 43508 francs ; la commune a déjà payé 39045 fr. ; quelle somme doit-elle encore ?

XXI. Un régiment était composé de 3600 hommes avant une bataille. 1945 seulement ont ensuite répondu à l'appel : combien en est-il resté sur le champ ?

XXII. Une personne avait 348090 fr. placés chez un banquier ; celui-ci a fait faillite et n'a donné que 53637 fr. à son créancier : combien cette personne a-t-elle perdu ?

XXIII. L'entrepreneur d'un chemin de fer a reçu par souscription 3745600 fr. ; il a fait déjà pour 3982728 fr. de dépense : quelle somme doit-il réclamer aux souscripteurs d'actions?

XXIV. La population de la France n'était, il y a peu d'années, que de 29648969 ; aujourd'hui elle est de 34703900 : quelle est la différence ?

XXV. La population du globe entier est de 1007000000 ; l'Europe compte à elle seule 245672928 habitants : quelle est la population des autres parties du monde ?

———

XXVI. D'une pièce de drap contenant 24^m 45 on a pris 12^m 345 : que reste-t-il de cette pièce ?

XXVII. Un banquier a reçu dans le cours du mois 1043715 fr. 50 c. ; mais il est sorti de sa caisse 915605 fr. 75 c. : combien doit-il lui rester ?

XXVIII. Un ruban rouge a 0^m 025 de largeur ; un autre, de couleur bleue, a 0^m 0175 : quel est le plus large des deux, et quelle est la différence de leur largeur?

XXIX. D'un tonneau contenant 275 litres 15, on a déjà pris 139 lit. 75 : combien doit-il en rester ?

XXX. Un ouvrier orfèvre fait 0^m 06 d'une chaîne par heure ; un autre n'en fait que 0^m 0575 : combien l'un en fait-il de plus que l'autre?

XXXI. Un diamant ne pèse que 0 gr. 358 : combien manque-t-il pour qu'il pèse 1 gramme?

XXXII. Une personne a perdu les 0,425 de sa fortune : quelle partie lui en reste-t-il encore ?

———

XXXIII. La terre met 365 j. 5 h. 49' pour faire son

mouvement autour du soleil, tandis que Vesta met 3 ans 240 j. 7' et 42" : combien cette dernière planète met-elle plus de temps que la terre à revenir au même point par rapport au soleil ?

XXXIV. Une personne, née le 10 août 1795, est morte le 24 septembre 1847 : combien a-t-elle vécu d'années, de mois et de jours ?

XXXV. Un angle a 132° 25' 40" ; on le diminue de 92° 0' 57" : quelle sera ensuite sa grandeur ?

XXXVI. Un billet a été souscrit le 17 janvier 1846, et a dû être payé le 5 août 1847 : combien de temps s'est écoulé entre ces deux époques ?

XXXVII. Que faut-il ajouter à un angle de 34° 9' 11" pour le rendre égal à un angle obtus de 100 degrés ?

XXXVIII. Une personne est morte le 22 octobre 1842, à l'âge de 39 ans 8 mois 7 jours : quelle est la date de sa naissance ?

XXXIX. Un propriétaire reçoit tous les ans, d'un premier fermier, 748 fr.; d'un autre, 311 fr. 50 c.; une rente lui produit 1528 fr. 75 c., et par son industrie il grossit encore ses revenus de 1750 fr. 25 c.; mais il dépense en même temps, pour son ménage, 1850 fr. 60 c.; pour son loyer, 535 fr.; pour divers objets, environ 1000 fr. : quelle somme lui reste-t-il à la fin de l'année ?

XL. Dans une commune, il y a 143 garçons en âge de fréquenter l'école, et 152 filles. Cependant l'instituteur ne reçoit que 83 garçons et 17 filles : combien y a-t-il d'enfants des deux sexes qui dans cette commune ne vont pas à l'école ?

XLI. Un négociant a pour 135468 fr. 50 c. de marchandises; pour 45363 fr. 25 c. d'effets à recevoir, et

12344 fr. 75 c. d'argent en caisse; mais il doit 93719 fr.: quelle est sa situation?

XLII. Un ouvrier a fait le premier jour les 0,25 de l'ouvrage qu'il a entrepris; le second, il en a fait les 0,285; et le troisième, il en a encore fait les 0,3 : combien en devra-t-il faire le quatrième jour pour terminer l'ouvrage?

XLIII. Un voyageur a marché le premier jour pendant 10 h. 45'; le second jour, pendant 12 h. 30'; le troisième, pendant 11 h. 50'; le quatrième, pendant 13 h.; il avait en tout pour 50 h. de marche à faire : pendant combien de temps doit-il encore marcher?

XLIV. Dans un triangle, les trois angles valent 180°; l'un de ces angles a 30° 40'; un autre, 72° 0' 45'': quelle est la grandeur du troisième?

CHAPITRE III.

De la multiplication.

63. *La* MULTIPLICATION *est une opération par laquelle on répète un nombre autant de fois que l'indique un autre.* Le nombre qui doit être répété s'appelle *multiplicande;* l'autre nombre, *multiplicateur,* et le résultat, *produit.*

Supposons que dans une famille on dépense 125 fr. toutes les semaines; pour savoir combien il sera dépensé pendant toute une année, il faut évidemment répéter 125 fr. autant de fois qu'il y a de semaines dans un an, c'est-à-dire 52 fois, ou multiplier 125 par 52.

On dit encore que le multiplicande et le multiplicateur sont les *facteurs* ou des *sous-multiples* du produit, et que le produit est un *multiple* de chacun des facteurs.

Si le multiplicande et le multiplicateur sont égaux, le produit, dans ce cas particulier, s'appelle le *carré* du multiplicande.

64. Si le multiplicande et le multiplicateur sont des nombres d'un seul chiffre, on trouve leur produit dans le tableau suivant qu'il est indispensable de bien connaître :

1	2	3	4	5	6	7	8	9
2	4	6	8	10	12	14	16	18
3	6	9	12	15	18	21	24	27
4	8	12	16	20	24	28	32	36
5	10	15	20	25	30	35	40	45
6	12	18	24	30	36	42	48	54
7	14	21	28	35	42	49	56	63
8	16	24	32	40	48	56	64	72
9	18	27	36	45	54	63	72	81

On cherche le chiffre du multiplicande dans la première colonne horizontale, et le chiffre multiplicateur dans la première colonne verticale à gauche; le produit se trouve dans la case qui correspond à la fois au multiplicande et au multiplicateur.

Ainsi, pour avoir le produit de 4 multiplié par 6, on descend la colonne verticale qui a 4 dans la première case supérieure, et, lorsqu'on est en face de 6 dans la première colonne à gauche, on trouve 24 pour le produit demandé.

63. Après quelque temps d'exercice, on se rappelle facilement quels sont les produits des nombres d'un seul chiffre combinés de toutes les manières

3*

possibles. Mais, si l'on venait à l'oublier, on pourrait trouver le résultat par une simple addition. En effet, puisque multiplier 4 par 6, c'est répéter le premier nombre 6 fois, on pourrait écrire 4 six fois dans une colonne verticale et faire l'addition : le résultat exprimerait bien le produit de 4 répété 6 fois.

66. De même, pour obtenir le produit d'un nombre quelconque par un nombre d'un seul chiffre, on pourrait écrire le multiplicande autant de fois qu'il y a d'unités dans le chiffre multiplicateur, et faire une addition. Ainsi, pour multiplier 4273 par 5, on additionnerait 4273 écrit 5 fois :

$$
\begin{array}{r}
4273 \\
4273 \\
4273 \\
4273 \\
4273 \\
\hline
21365
\end{array}
$$

Mais il est facile de reconnaître qu'on ne fait que prendre 5 fois chacun des chiffres 3, 7, 2 et 4 du multiplicande ; ce qui revient à faire quatre multiplications d'un seul chiffre par un seul chiffre. Alors, on dispose ainsi les nombres :

$$
\begin{array}{r}
4273 \\
5 \\
\hline
\end{array}
$$

Produit : 21365

Et l'on dit : 5 fois 3 unités donnent 15 ; on écrit 5 à la colonne des unités, et on retient 1 dizaine pour la joindre au produit suivant. 5 fois 7 dizaines donnent 35 dizaines, qu'il faut augmenter de la retenue 1 ; soit 36 dizaines, dont 6 sont écrites à la colonne des dizaines, et les 3 centaines forment une retenue pour le produit suivant. 2 centaines donnent 10, qu'on augmente de la retenue 3; soit 13 centaines, dont 3 sont écrites à la colonne des centaines, et l'on reporte 1 mille au produit suivant. Enfin, 5 fois 4 mille donnent 20 mille, et 21 avec la retenue, qu'on écrit tout entier au produit.

Un peu d'attention fera reconnaitre qu'on n'a fait par là que répéter 5 fois la valeur de chaque chiffre du multiplicande, et qu'on a obtenu par conséquent un nombre qui contient réellement autant de fois le multiplicande que l'indiquait le multiplicateur.

La multiplication n'est donc qu'une addition abrégée.

67. Si le multiplicateur est 10, ou 100, ou 1000, en un mot l'unité suivie de plus ou moins de zéros, il suffit, pour obtenir le produit, d'écrire les zéros du multiplicateur à la droite du multiplicande, d'après ce qui a été dit dans le chapitre de la numération n° 20. Ainsi le produit de 865 multiplié par 100 est égal à 86500; celui de $49 \times 1000 = 49000$; etc.

68. Mais si le multiplicateur est un chiffre autre que l'unité et qu'il soit suivi de zéros, on multiplie, comme dans l'exemple du n° 66, chacun des chiffres du multiplicande, en commençant par la droite, par le chiffre significatif du multiplicateur, et on ajoute au produit les zéros qui se trouvent à la suite de ce chiffre significatif. En effet, multiplier 47 par 20, c'est répéter 20 fois le premier nombre : or, si, après l'avoir répété 2 fois, on rend le résultat 10 fois plus

fort en ajoutant un 0, on aura bien répété 10 fois 2 fois ou 20 fois le multiplicande.

De même, pour multiplier 18453 par 500, ou pour répéter ce nombre 500 fois, il est évident qu'il suffira, après l'avoir multiplié par 5, de rendre encore le résultat 100 fois plus grand, en ajoutant deux 0 à sa droite ; car alors on aura répété 100 fois 5 fois ou 500 fois le nombre proposé. L'opération se dispose ainsi :

$$\begin{array}{r} 18453 \\ 500 \\ \hline 9226500 \end{array}$$

69. Tout nombre peut se décomposer en autant de parties qu'il renferme de chiffres, chacune de ces parties étant exprimée par l'un des chiffres du nombre suivi d'autant de zéros qu'il est nécessaire pour qu'il conserve sa valeur relative. Ainsi 1427 est égal à $1000 + 400 + 20 + 7$.

On peut donc, lorsque le multiplicateur est un nombre de plusieurs chiffres significatifs, décomposer l'opération en autant de multiplications partielles qu'il y a de chiffres au multiplicateur ; procéder pour chaque multiplication partielle comme il vient d'être dit ; disposer ces produits pour être additionnés ensuite : il est évident que leur somme exprimera le produit total, ou un nombre qui contiendra autant de fois le multiplicande que l'indique tout le multiplicateur. Ainsi, multiplier un nombre par 1427, revient à multiplier ce nombre successivement par 7, par 20, par 400 et par 1000.

70. De tout ce qui précède, nous en concluons

que, pour multiplier un nombre entier par un autre, il faut, après avoir écrit le multiplicateur sous le multiplicande et avoir souligné le tout, multiplier successivement tout le multiplicande par chacun des chiffres du multiplicateur, en commençant de part et d'autre par la droite, ce qui donne autant de produits partiels qu'il y a de chiffres au multiplicateur. Parce que le produit donné par le chiffre des dizaines du multiplicateur doit être terminé par un 0; celui des centaines, par deux 0, et ainsi de suite, on a soin d'avancer chaque produit partiel d'un rang vers la gauche par rapport au produit partiel qui précède. L'addition de tous ces produits fait connaître le produit total.

La multiplication de 125 par 52 se fera donc de la manière suivante :

$$
\begin{array}{r}
125 \\
52 \\
\hline
250 \\
6250 \\
\hline
\end{array}
$$

Produit : 6500

Et celle de 4289 par 3817, ainsi qu'il suit :

$$
\begin{array}{r}
4289 \\
3817 \\
\hline
30023 \\
42890 \\
3431200 \\
12867000 \\
\hline
\end{array}
$$

Produit : 16371113

Dans la pratique, on n'écrit pas les zéros qui terminent les produits partiels, parce qu'ils n'ajoutent rien au produit total.

71. Il résulte de ce qui a été dit au n.º 64, que si le multiplicande et le multiplicateur, ou bien l'un des deux, se trouvent terminés à droite par un ou plusieurs zéros, on peut opérer sur les chiffres significatifs seulement, et transcrire ensuite tous ces zéros à la suite du produit total.

———

72. Il arrive quelquefois qu'on a plus de deux nombres à multiplier les uns par les autres, comme dans la question suivante :

Quel est le prix de 127 hectolitres de blé, à 4 fr. le double-décalitre ?

Il est évident qu'il faut d'abord connaître le prix d'un hectolitre. Pour cela, on observe que le double-décalitre (mesure que l'usage a consacrée) vaut 2 fois 10 ou 20 litres ; que par conséquent 5 doubles-décalitres forment 1 hectolitre. On multiplie 4 fr. par 5 ; le produit 20 indique le prix d'un hectolitre de blé. Et puisque 1 hectolitre coûte 20 fr., il faut répéter ce prix 127 fois, ou multiplier 20 par 127 pour connaître le prix total demandé ; soit 2540 fr.

On est ainsi conduit à multiplier les nombres 4, 5 et 127 les uns par les autres.

D'autres questions, comme on le verra plus tard, nécessitent la multiplication de quatre, de cinq, de six nombres, etc., les uns par les autres. Mais tout se réduit à multiplier le premier nombre par le second ; le produit obtenu se multiplie ensuite par le troisième nombre ; le second produit se multiplie par le quatrième nombre, et ainsi de suite.

Nous proposons pour exercices les multiplications suivantes, et les problèmes qui terminent le chapitre de XLV à LIV.

1° 34893	2° 306952	3° 419000	4° 897400
8765	67048	78045	73890

73. *Lorsque deux nombres sont donnés pour une multiplication, le produit est le même, quel que soit celui qu'on prenne pour multiplicande.*

Supposons les deux nombres 4 et 5; le produit sera le même, soit qu'on multiplie 4 par 5, soit qu'on multiplie 5 par 4. En effet, 4 est évidemment égal à $1+1+1+1$; et, pour répéter 5 fois ce nombre 4 ou pour le multiplier par 5, il suffit d'écrire 5 fois $1+1+1+1$, et d'additionner toutes les unités du tableau ainsi formé :

$$1+1+1+1$$
$$1+1+1+1$$
$$1+1+1+1$$
$$1+1+1+1$$
$$1+1+1+1$$

Or, on peut additionner toutes ces unités de deux manières : ou par tranches horizontales, ce qui donne 4 unités répétées 5 fois ; ou par colonnes verticales, ce qui donne 5 unités répétées 4 fois. Mais la somme de ces unités est la même, de quelque manière que se fasse leur addition. Donc, 4 répété 5 fois ou multiplié par 5 donne le même résultat que 5 multiplié par 4. Pour deux nombres entiers, plus grands ou plus petits, on ferait la même décomposition et le même raisonnement.

Ce principe est encore vrai lorsqu'on a trois nombres à multiplier les uns par les autres ; c'est-à-dire que *leur produit ne change pas, dans quelque ordre qu'on effectue leur multiplication.* Ainsi $4 \times 5 \times 3 = 4 \times 3 \times 5 = 3 \times 4 \times 5$, etc.

En effet, $4 \times 5 = 4 + 4 + 4 + 4 + 4$ ou 4 répété 5 fois,

$$\text{Et } 4 \times 5 \times 3 = \begin{array}{l} 4+4+4+4+4 \\ 4+4+4+4+4 \\ 4+4+4+4+4 \end{array}$$

Or, si l'on additionne tous ces 4 par tranches horizontales, on aura 4×5 répété 3 fois ; ou $4 \times 5 \times 3$; et si l'addition se fait par colonnes verticales, on aura 4×3 répété 5 fois, ou $4 \times 3 \times 5$. La somme ne pouvant changer dans quelque ordre qu'on additionne les 4, on a donc $4 \times 5 \times 3 = 4 \times 3 \times 5$. Nous avons déjà démontré que $4 \times 5 = 5 \times 4$, et par conséquent $4 \times 5 \times 3 = 5 \times 4 \times 3$, etc.

La même démonstration pourrait s'étendre à quatre, à cinq, à un nombre quelconque de facteurs. Donc, en général, *le produit de plusieurs facteurs ne change pas, dans quelque ordre qu'on effectue leur multiplication.*

74. Le principe que nous venons de démontrer donne un moyen de vérifier une multiplication ; ce moyen consiste à intervertir l'ordre des facteurs, et à faire une seconde multiplication, qui devra donner le même produit que la première si les calculs ont été bien faits.

75. Enfin, nous devons faire observer que le multiplicateur doit toujours être considéré, dans le cours de l'opération, comme un nombre abstrait, indi-

quant seulement combien de fois il faut répéter le
multiplicande, quoique la question qu'on cherche à
résoudre fasse connaître presque toujours l'espèce
des unités de ce facteur.

RÉCAPITULATION ET PRINCIPES.

I. *Multiplier un nombre par un autre, c'est répéter le premier de ces nombres autant de fois qu'il
y a d'unités dans l'autre.*

II. *Donc, le produit doit être composé d'autant de
fois le multiplicande que le multiplicateur contient
d'unités ou de parties d'unités.*

III. *On peut intervertir l'ordre des facteurs, le
produit ne change pas.*

IV. *Le multiplicateur doit toujours être considéré
dans l'opération comme un nombre abstrait.*

V. *Le produit, qui n'est que le multiplicande répété un certain nombre de fois, doit toujours avoir
ses unités de la même espèce que celles du multiplicande.*

VI. *Si l'on augmente le multiplicateur de 1, ou
de 2, ou de 3, etc., le produit contiendra 1 fois, ou
2 fois, ou 3 fois, etc., de plus le multiplicande; et
si c'est le multiplicande qu'on augmente d'une ou
de plusieurs unités, le produit sera augmenté d'autant de fois le multiplicateur.*

PROBLÈMES.

XLV. Que coûteront 425 mètres de drap, à 27 fr. le
mètre ?

XLVI. Un particulier a vendu 850 hectolitres de blé,
à 25 francs l'hectolitre : combien doit-il retirer?

XLVII. L'entretien d'un régiment nécessite chaque jour une dépense de 2785 fr. : combien aura-t-il coûté à la fin d'une année, c'est-à-dire après 365 jours ?

XLVIII. Un navire est chargé de 129348 balles de coton, pesant chacune 94680 grammes : quel est le poids de toutes ces balles ?

XLIX. Un livre contient 438 pages, et chaque page, 1764 lettres : combien y a-t-il de lettres dans tout l'ouvrage ?

L. Une fabrique produit environ 649 mètres de toile dans une semaine : combien en produira-t-elle dans un an ou 52 semaines ?

LI. Et combien retirera-t-on de la vente de toute cette toile, si on la vend 3 fr. le mètre ?

LII. Un voyageur parcourt 34580 mètres dans un jour; combien en parcourra-t-il en 209 jours ?

LIII. Si chaque année est composée de 365 jours, combien y a-t-il de jours que le monde a été créé, en supposant qu'il existe depuis 6854 ans ?

LIV. Quelle est la valeur d'un domaine contenant 4526 ares, si l'are vaut 275 fr. ?

CHAPITRE IV.

Suite de la multiplication.

76. Lorsque les nombres soumis à la multiplication sont des fractions décimales, ou des nombres fractionnaires décimaux, *on opère sans faire attention aux virgules, et comme si l'ensemble des chiffres ne formait que des nombres entiers au multiplicande et au multiplicateur; mais il faut ensuite placer une virgule au produit de manière à avoir autant de chiffres décimaux qu'il y en a dans les deux facteurs.*

Ainsi, pour multiplier 34,527 par 8,45, on agira comme si le multiplicande était 34527, et le multiplicateur, 845; puis, sur la droite du produit, on séparera par une virgule cinq chiffres décimaux, parce qu'il y en a trois au multiplicande et deux au multiplicateur. On disposera du reste les nombres de manière que les virgules se correspondent :

$$
\begin{array}{r}
34,527 \\
8,45 \\
\hline
172635 \\
138108 \\
276216 \\
\hline
\end{array}
$$

Produit :   291,75315

En effet, la suppression de la virgule au multiplicande rend ce nombre mille fois plus fort, puisque la valeur relative de chacun des chiffres est rendue elle-même mille fois plus forte; et, par la même raison, le multiplicateur, sans virgule, devient un nombre cent fois plus fort ; on répète donc 100 fois plus un nombre devenu 1000 fois plus fort, et le produit serait 1000 × 100, ou 100000 fois trop fort s'il exprimait un nombre entier. Il faut, pour le réduire à sa juste valeur, le rendre 100000 fois plus faible, ou placer la virgule de manière à rendre 100000 fois moindre la valeur relative de chaque chiffre ; on aura alors cinq chiffres décimaux.

On répèterait le même raisonnement pour un nombre plus ou moins fort de décimales.

77. On opère de même lorsque les nombres sont des fractions décimales ; mais il peut arriver que le produit ait moins de chiffres qu'il ne faut de décimales d'après ce procédé. Dans ce cas, on écrit à la gauche du produit obtenu un nombre suffisant de zéros, comme dans l'exemple suivant :

$$0,035$$
$$0,007$$

Produit : $0,000245$

78. Nous ferons observer que, lorsque le multiplicateur est une fraction, le produit doit être nécessairement moindre que le multiplicande ; car alors on ne prend pour former le produit qu'une partie du multiplicande, puisque le multiplicateur n'est lui-même qu'une partie de l'unité.

On devra s'exercer à faire les multiplications suivantes, et à résoudre les problèmes de LV à LXVII.

1° 935,8404	2° 8,0045
36,75	7,34678

$$3° \quad 0,34875 \qquad\qquad 4° \quad 0,1001009$$
$$0,00539 \qquad\qquad\qquad 0,09009$$

79. La multiplication des nombres complexes présente deux cas : 1° lorsque le multiplicateur est incomplexe ou un nombre entier ; 2° lorsqu'il est complexe.

1° Lorsque le multiplicateur est un nombre entier, *on multiplie successivement chaque partie du multiplicande en commençant par la plus petite, et, du produit partiel de chaque subdivision du multiplicande, on extraira les unités d'espèce supérieure qui peuvent s'y trouver, pour les porter au produit suivant.*

$$17 \text{ j. } 5 \text{ h. } 28 \text{ m.}$$
$$6$$

Produit :   103 j. 8 h. 48 m.

On multiplie la plus petite subdivision 28' par 6, dont le produit est 168'; mais 60' suffisent pour former 1 h., et ce produit est beaucoup plus fort; avec un peu d'attention et de recherche, on trouve facilement que 168' forment 2 heures plus 48'; on écrit donc 48' au-dessous du trait et l'on porte 2 heures au produit suivant (*). 5 h., multipliées par 6, donnent 30 h., qui, augmentées des 2 h. de la retenue,

(*) Cette décomposition du produit est une vraie division; mais ce calcul mental, que tout le monde peut faire, doit être regardé comme un exercice préliminaire qui rendra plus facile l'étude des règles relatives à la quatrième opération de l'arithmétique.

forment un produit de 32 h. Or, 24 h. suffisent pour 1 jour : il y a donc dans ce produit 1 j. plus 8 h. Enfin, 17 j. multipliés par 6, et ce produit augmenté de la retenue provenant des heures, forment un produit total de 103 j. 8 h. 48'.

80. Si le multiplicateur est un nombre de plusieurs chiffres, il faut faire à part autant de multiplications qu'il y a de subdivisions au multiplicande ; mais l'extraction des unités d'espèce supérieure renfermées dans ces produits partiels sera toujours longue et difficile. Il est plus avantageux alors de décomposer les subdivisions du multiplicande en parties qui soient des sous-multiples les unes des autres ou de l'unité elle-même, et ajouter au produit pour chacune de ces parties un nombre correspondant des unités du multiplicateur.

```
 Soit à multiplier   17 j.  5 h.  28 m.
           par   346
                 ─────────────────────
                   102
                    68
                    51
Pour  4 h.   —     58   —   16 h.
      1      —     14   —   10
     20 m.   —      4   —   19   —   20 m.
      ⅓      —      0   —   19   —   12
      ⅓      —      0   —   19   —   12
     ─────────────────────────────────
Produit :       5961 j.    11 h.     44 m.
```

La partie entière du multiplicande 17 j. se multiplie par 346 selon la manière de multiplier deux nombres entiers l'un par l'autre. Mais avant de multiplier 5 h. par 346, nous pouvons faire l'observation que, s'il y avait 1 jour de plus au multiplicande, le produit devrait être augmenté d'une fois le multiplicateur, c'est-à-dire de 346, ainsi que nous l'avons dit dans le chapitre précédent (VI principe). Si, au lieu de 1 jour, nous n'augmentons le multiplicande que de 12 h. ou d'un demi-jour, il est évident que le produit ne devra être augmenté que de la moitié de 346; et que, pour 4 h. ou la sixième partie du jour, le produit ne sera augmenté que de la sixième partie de 346. Or, les 5 h. du multiplicande peuvent se décomposer en 4 h. $+$ 1 : pour 4 h. on ajoutera au produit la sixième partie de 346, soit 57 j. 16 h. (*); et pour 1 h., complément de 5, on ajoutera naturellement le quart du nombre trouvé pour 4 h. ou 14 j. 10 h. Si on fait ensuite attention que 28', qui forment la dernière subdivision du multiplicande, peuvent se décomposer en 20' $+$ 4' $+$ 4'; et que 20' sont le tiers de 1 heure, on ajoutera au produit, d'abord le tiers du résultat précédent pour les 20', et ensuite deux fois le cinquième de ce qu'on aura obtenu, pour les deux fois 4', qui sont, ainsi qu'il est très facile de le reconnaître, deux fois le cinquième de 20'. On obtiendra ainsi, pour 20', un produit partiel de 4 j. 19 h. 20', et pour deux fois 4', deux fois 19 h. 12'. La somme de tous ces produits partiels, effectuée d'après ce qui a été dit au n° 53, donne pour produit total : 5961 j. 11 h. 44'.

(*) Nous répéterons ici la note du numéro précédent : ces divisions, faites sans nombres écrits, seront faciles pour les personnes un peu exercées au calcul, et les débutants y trouveront un premier moyen de faire mentalement des partages de nombres; ce qui leur sera d'un grand secours pour l'emploi de la division.

Les parties qu'on obtient par cette décomposition des diverses subdivisions d'un nombre complexe en sous-multiples les unes des autres, ou de l'unité principale, s'appellent *parties aliquotes*, et le procédé que l'on suit pour déterminer les divers produits partiels correspondant à chacune de ces parties prend le nom de *méthode par les parties aliquotes*. C'est sans contredit la manière d'opérer qui demande le plus d'attention et d'intelligence : nous proposerons donc qu'avant d'aller plus loin on s'exerce à bien effectuer les multiplications suivantes, et à résoudre les problèmes de LXVIII à LXXII. On est d'ailleurs fort rarement amené aujourd'hui à s'occuper de pareilles multiplications.

$$1° \quad 12° \ 45' \ 25''$$
$$680$$

$$2° \quad 318 \ j. \ 18 \ h. \ 26'$$
$$87$$

$$3° \quad 12 \ a. \ 5 \ m. \ 17 \ j.$$
$$164$$

81. 2° Lorsque le multiplicateur est lui-même complexe, on opère d'abord sur tout le multiplicande avec la partie entière du multiplicateur, en suivant en tout point ce qui vient d'être dit pour l'exemple du numéro précédent. *On décompose ensuite la subdivision la plus forte du multiplicateur en parties aliquotes de l'unité principale, et l'on prend des parties correspondantes de tout le multiplicande pour les ajouter au produit. On décompose de même les subdivisions suivantes en parties aliquotes ou de l'unité principale ou des parties déjà obtenues, et l'on calcule en conséquence les produits partiels à*

ajouter aux précédents. On fait à la fin la somme de tous les produits partiels pour connaître le produit total demandé.

L'exemple suivant offre une application de ce que nous disons:

```
Soit        17 j.  5 h.  48' (*)
multipliés par  346°  35'   45"
                ————————————————
                102 j.
                 68
                 54
Pour    4 h. —  57  —  16 h.
        1    —  14  —  10
       20'   —   4  —  19  —  20'
       20    —   4  —  19  —  20
        4    —   0  —  19  —  12
        4    —   0  —  19  —  12
       30"   —   8  —  14  —  54
        5    —   1  —  10  —  29
       30    —   0  —   3  —  26  —  54"
       15    —   0  —   1  —  43  —  27
               ——————————————————————————
Produit :  5975 j.    13 h.    37'    21"
```

Après avoir multiplié 17 j. 5 h. 48' par 346, comme on l'a fait tout à l'heure, on décompose 35' du multiplicateur en 30' + 5', qui sont, l'un la moitié du degré ou de l'unité principale, et l'autre le sixième de cette dernière partie. On prend, en conséquence, pour en faire un produit partiel, la moitié

(*) Le problème qui donnerait naissance à cette multiplication serait ainsi conçu : un astre met 17 j. 5 h. 48' à parcourir 1 degré ou la 360ᵉ partie du cercle qu'il décrit autour du soleil : combien mettra-t-il de jours, d'heures, de minutes et de secondes pour parcourir 346° 35' 45" ?

du multiplicande total pour 30′, ce qui donne 8 j. 14 h. 54′; et pour 5′ on ne prend que la sixième partie de ce produit, ou bien 1 j. 10 h. 29′.

Bien qu'on ait épuisé le nombre de minutes qui se trouvent au multiplicateur, on calcule encore quel est le produit partiel correspondant à 1′, afin de pouvoir, sur ce dernier résultat, prendre des produits partiels correspondants aux parties aliquotes des subdivisions restantes. Le produit partiel correspondant à 1′, et qui est nécessairement ici la cinquième partie du précédent, ne devant pas faire partie du produit total, s'appelle *faux produit*, et l'on passe un trait sur chacun de ses chiffres, afin de reconnaître qu'ils ne doivent pas être ensuite additionnés avec les chiffres des autres produits partiels; ou plus commodément, on écrit ce *faux produit* à part et non pas avec les autres produits partiels. Le faux produit calculé pour 1′ dans le cas qui nous occupe est de 6 h. 53′ 48″.

Pour 30″ on prendra la moitié du *faux produit* dont nous venons de parler, puisque ces 30″ sont la moitié de 1′; et pour 15″ qui, avec les 30″ déjà employées, forment le nombre 45″ indiquées au multiplicateur, on écrira la moitié du produit partiel précédent : l'addition de tous les produits partiels ainsi obtenus donne pour produit total : 5975 j. 13 h. 37′ 21″.

82. Il est vrai qu'il est indifférent, dans une multiplication, qu'on prenne l'un ou l'autre des deux nombres pour multiplicande; mais lorsqu'il s'agit de nombres complexes, il est nécessaire qu'on reconnaisse avant l'opération de quelle nature doivent être les unités du produit, ce qu'indique toujours la

question elle-même, afin de calculer en conséquence les subdivisions des produits particls.

83. On fera encore les deux multiplications sui-vantes :

| 1° | 37° | 40′ | 56″ | | 2° | 365 j. | 5 h. | 49′ |
| | 246 j. | 11 h. | 43′ | | | 27 j. | 19 h. | 9′ |

Nota. Les jours dont il s'agit ici, n'étant pas des jours *de travail*, sont tous de 24 h.

84. Il est beaucoup de problèmes dont la solu-tion exige l'emploi de plusieurs opérations diffé-rentes ; pour les uns, il faut additionner, puis multi-plier les nombres ; pour d'autres, il faut les addi-tionner, les soustraire, les multiplier, etc. Telle est la question suivante :

On mélange 43 hectolitres de vin de première qualité et 248 hectolitres de qualité inférieure. De ce mélange on vend 167 hectolitres à 24 fr. 50 c., et le reste à 19 fr. 75 c.; le tout avait coûté 5000 fr.: combien a-t-on gagné?

Le but de la question est de connaître le bénéfice résultant de cette vente : ce bénéfice ne peut être que la différence entre ce qu'on a déboursé et ce qu'on a retiré; le déboursé est connu, c'est 5000 fr.; il reste à connaître ce qu'on a retiré. On a fait deux ventes : la première de 167 hectolitres, à 24 fr. 50 l'un; pour savoir ce qu'on a retiré de cette vente, il faut évidemment répéter 24 fr. 50 c. autant de fois qu'il y a eu d'hectolitres vendus, ou multiplier 24,50 par 167; le produit de ces deux nombres est 4091 fr. 50 c. La seconde fois, on a vendu, au prix de 19 f. 75 c. l'hectolitre, ce qui restait du mélange. Or, on avait réuni 43 et 248 hectolitres, dont la somme est 291 ; et, sur ce nombre, on en a vendu déjà 167 ; en retranchant 167 de 291, la différence fera connaître ce qui doit rester d'hectolitres. 291 — 167 donne pour différence 124. C'est donc 124 fois 19 fr. 75 c. qu'on a retiré de la seconde vente ou 2449 fr. Cette dernière somme, réunie à la première, 4091,50, représente tout ce qu'on a retiré des deux ventes. 2449 + 4091,50 égalent 6540 fr. 50 c. D'ailleurs on a déboursé 5000 fr. : le bénéfice sera donc exprimé par 6540,50 — 5000, ou bien 1540,50. Voici le tableau des opérations :

Add.	43	Soust.	291	Mult.	24,50	Mult.	19,75
	248		167		167		124
	291		124		17150		7900
					14700		3950
					2450		1975
					4091,50		2449,00

Add.	4091,50	Soust.	6540,50
	2449,00		5000,00
	6540,50	Bénéfice :	1540,50

On pourra résoudre ensuite les problèmes de LXXIII à LXXV.

PROBLÈMES.

LV. Combien coûteront 27 m. 75 c. de drap, à 43 fr. 50 c. le mètre ?

LVI. Une fabrique produit tous les jours 4854 kilogrammes 215 grammes de fer ouvré : combien en doit-elle produire dans un mois ou 30 jours ?

LVII. Quel est le prix de 0 m. 95 c. de velours, à 75 fr. 25 c. le mètre ?

LVIII. Un ouvrier fait par heure le 0,015 de l'ouvrage qu'il a entrepris : combien en aura-t-il fait après 48 heures de travail ?

LIX. La roue d'une machine à vapeur fait 1 tour et 0,7 dans une seconde : combien en fera-t-elle en 468 secondes ?

LX. Le son parcourt $341^m 8615$ par seconde ; combien parcourra-t-il de mètres et fractions de mètres en 13', 5 ?

LXI. Que doit-on payer pour un tonneau de vin contenant 248 lit. 25, au prix convenu de 0 fr. 325 c. le litre ?

LXII. Un franc pèse 5 grammes : quel doit être le poids d'un sac contenant en argent 4628 fr. 75 c. ?

LXIII. Quel est le produit de 24547632,057 par un dix-millionième ?

LXIV. On emploie dans la construction d'une maison 453000 briques, au prix de 0,025 l'une : quel sera le prix de toutes les briques employées ?

LXV. Une épingle pèse 0 gr. 0625 : que doit peser une boîte contenant 4500 épingles ?

LXVI. Pour 4 kil. 265 de sucre on a payé 15 fr. : combien aurait-on payé si chaque kilogramme eût coûté 0,25 de plus ?

LXVII. Une personne n'a que 3 fr. 05 c. de revenu par jour : quel est son revenu annuel ?

LXVIII. Une aiguille parcourt sur un cadran $7° 15' 24''$ par heure : combien en parcourra-t-elle en 238 heures ?

LXIX. Un ouvrier a mis 12 jours 7 heures et 49 minutes pour faire une horloge : combien mettra-t-il de temps pour en faire 605 ?

LXX. Combien valent de degrés 28 angles égaux chacun à 16° 42' 51" ?

LXXI. La terre met 365 jours 5 heures 49 minutes pour opérer son mouvement de translation autour du soleil : combien de temps mettra-t-elle pour faire 2754 fois ce mouvement ?

LXXII. Une planète parcourt 2° 41' 26" par heure. Combien parcourrait-elle de degrés en 1268 heures 37'8"?

LXXIII. Un propriétaire a récolté 37 hectolitres de blé qu'il a vendu 25 fr. 15 c. l'hectolitre ; plus 83 hectolitres de vin qu'il a vendu 15 fr. 70 c. ; plus 413 sacs de pommes de terre qu'il a vendues 3 fr. 35 c. le sac. Il a encore retiré de ses propriétés, pour divers articles, 1450 francs; mais il a dépensé, soit pour impositions, soit pour entretien des propriétés, etc., 2153 fr. 65 c. : quel est son revenu net ?

LXXIV. Un marchand a vendu dans la journée 7ᵐ 15 de drap, à 25 fr. 75 c. le mètre ; plus 17ᵐ de toile, à 3 fr. 25 c. le mètre ; plus 46 mètres de dentelle, à 7 fr. 50 c. le mètre. Tout ce qu'il a vendu lui avait coûté 365 fr. : combien a-t-il gagné ?

LXXV. On fait un mélange de 315 litres d'huile, à 0 fr. 85 c. le litre ; de 245 lit. 50 d'une autre qualité, à 0 fr. 925 c. le litre; et de 64 lit., à 0 fr. 95 c. le litre. On fait en revendant ce mélange un bénéfice de 53 fr. ; combien coûtaient toutes les huiles qu'on a mélangées ?

CHAPITRE V.

De la division.

85. *La* DIVISION *est une opération par laquelle on cherche combien de fois un nombre est contenu dans un autre.*

On peut dire aussi que, *par la division, on fait d'un nombre donné autant de parties égales qu'il y a d'unités dans un autre nombre.*

Supposons qu'on demande combien pour 63 fr. on aura de mètres de drap, à 9 fr. le mètre. Il est évident qu'on achètera autant de mètres de drap que 9 fr., prix d'un mètre, sera contenu de fois dans 63 fr.; ou bien aussi qu'on aura autant de mètres de drap qu'on pourra faire avec 63 fr. de parties égales à 9 fr. chacune. Dans tous les cas, il faudra diviser 63 par 9.

Le nombre qu'on divise en parties égales, ou qui est censé contenir plus ou moins de fois l'autre, s'appelle *dividende;* celui par lequel on divise s'appelle *diviseur*, et l'on donne au résultat de l'opération le nom de *quotient.*

86. Il suit de la définition même de la division que le dividende doit être égal au produit du diviseur multiplié par le quotient ; ce qui a fait dire à beaucoup d'auteurs que la division sert à trouver l'un des deux facteurs d'un produit donné lorsqu'on connaît l'autre.

87. Lorsqu'on connaît bien la table de multiplication (64), on trouve immédiatement le quotient

des quantités de deux chiffres au plus, divisées par un nombre d'un seul chiffre. Il suffit, en effet, de savoir quel est le chiffre qui, multipliant le diviseur, reproduira le dividende. Par conséquent, pour diviser 63 par 9, on cherchera quelle est la case de la table, en face de 9 dans la première colonne verticale, qui contient 63, et le quotient se trouvera dans la case correspondante à 63 dans la première colonne horizontale. On trouvera ainsi que 7 est le quotient demandé ; et, si l'on applique cette division à la question portée au n° 85, on reconnaîtra qu'avec 63 fr., on peut acheter 7 mètres de drap à 9 francs le mètre.

88. Il n'arrive pas toujours que le dividende se trouve ainsi dans l'une des cases de la table de multiplication, et qu'on puisse par conséquent déterminer exactement le quotient demandé ; mais on pourra toujours connaître le nombre entier qui en approche le plus. Si l'on voulait avoir, par exemple, le quotient de 37 divisé par 5, en suivant la colonne horizontale dont la première case à gauche renferme le diviseur 5, on trouve 35 et 40 correspondant aux nombres 6 et 7. Donc, puisque 37 est plus fort que 35 et plus faible que 40, il faut que le quotient soit compris entre 6 et 7 ; c'est-à-dire que ce quotient est 6, plus une fraction.

Nous dirons plus tard le moyen d'évaluer cette fraction.

89. Lorsque le dividende contient plus de deux chiffres, et que le diviseur n'en a qu'un, la marche à suivre pour faire l'opération est facile à comprendre, pourvu que l'on ne perde pas de vue que, dans

toute division, on cherche combien de fois le premier nombre contient le second.

On détermine d'abord le nombre de fois que le chiffre diviseur est contenu dans le premier chiffre à gauche du dividende, ou dans les deux premiers chiffres s'il est nécessaire ; et pour cela on suit le procédé que nous venons d'indiquer aux n°s 87 et 88 ; on écrit au-dessous le chiffre trouvé pour quotient. Si cette première division partielle se fait exactement comme celle du n° 87, on continue à opérer de la même manière sur le chiffre qui vient immédiatement à droite dans le dividende, en observant que, si ce chiffre ne suffit pas pour contenir le diviseur, on met 0 au-dessous, et on prend alors deux chiffres pour dividende partiel. Mais si le quotient n'est pas exact, comme celui du n° 88, on reporte par la pensée, et en leur conservant leur valeur relative, au chiffre immédiatement à droite, les unités que le premier dividende partiel peut contenir de plus que le produit du diviseur multiplié par le chiffre mis au quotient; on forme ainsi un second dividende partiel sur lequel on opère comme sur le premier. On continue cette double manière d'opérer, selon qu'il y a ou qu'il n'y a pas de reste, jusqu'à ce qu'on soit arrivé au dernier chiffre à droite du dividende total. Les chiffres ainsi obtenus par ces divisions successives et partielles forment le quotient total.

Soit 462390 à diviser par 6; on dispose les nombres comme il suit:

$$
\begin{array}{c|c}
462390 & 6 \\
77065 &
\end{array}
$$

Et l'on dit : 4 ne peut contenir 6, mais 46 le contient 7 fois, puisque 7 fois 6 donne 42; on écrit 7 au-dessous de 46, et par la pensée on reporte les 4 unités (de dizaines de mille) au chiffre suivant 2, en leur conservant leur valeur relative ; on obtient ainsi 42 pour second dividende partiel. Dans 42, le diviseur 6 est contenu 7 fois exactement. Le chiffre 3 ne peut contenir 6 ; on écrit 0 au-dessous, et ce chiffre, reporté à 9, forme 39, dans lequel 6 est contenu 6 fois avec un reste 3. Enfin, le dernier dividende 30 contient exactement 5 fois le diviseur 6. Le nombre 77065 est le quotient total demandé.

Il est évident que, par ce procédé, on trouve combien de fois le diviseur est contenu d'abord dans les plus fortes unités du dividende, puis successivement dans les unités inférieures, et que l'on finit par déterminer le nombre de fois que tout le dividende contient le diviseur.

De pareilles divisions se présentent souvent dans la pratique; il est donc avantageux de s'exercer beaucoup à les effectuer. Nous proposons les divisions suivantes pour exercice :

Diviser   7409240 par 8   246347136 par 9
           100945035 par 5   54075049 par 7

REMARQUE.—Diviser un nombre par 2, par 3, par 4, par 5, etc., c'est en prendre la *moitié*, le *tiers*, le *quart*, le *cinquième*, etc. On peut donc en opérant dire que l'on prend l'une de ces parties de chacun des chiffres du dividende, et reporter le reste au chiffre suivant.

90. Si le dividende renferme des décimales, le diviseur étant toujours d'un seul chiffre, on ne suit pas d'autre procédé que celui que nous venons d'exposer ; on a soin seulement de placer une virgule au quotient, lorsqu'on passe, dans le dividende, des unités simples aux premiers chiffres décimaux. Tel est l'exemple suivant :

$$
\begin{array}{c|c}
7369,20 & 4 \\
1842,30 &
\end{array}
$$

On conçoit, en effet, que, lorsqu'on a pris le quart du nombre entier, le quart d'un certain nombre de dixièmes ne peut être que des dixièmes ; que le quart des centièmes ne peut être que des centièmes, etc.

91. Lorsque la division particlle du dernier chiffre du dividende ne se fait pas exactement et qu'il y a un reste, on peut ajouter un 0 à la droite de ce reste s'il n'y a pas de décimales au dividende, et continuer l'opération, en ayant soin toutefois de placer une virgule à la suite du dernier chiffre obtenu au quotient. En effet, chacune des unités de ce reste vaut 10 dixièmes, et par l'addition d'un zéro on ne fait que convertir en dixièmes toutes les unités qui peuvent rester : donc, le quotient lui-même exprimera des dixièmes.

On pourra de même convertir le reste des dixièmes en centièmes, par l'addition d'un second zéro ; le reste de ces centièmes en millièmes, et ainsi de suite jusqu'à ce qu'on ait trouvé un quotient exact, ou qu'on ait obtenu un nombre suffisant de chiffres décimaux.

Si le dividende renferme déjà des décimales, on pourra continuer l'opération après avoir épuisé ces dernières, en ajoutant successivement des 0 à la droite des restes, sans qu'il soit nécessaire de placer une seconde virgule au quotient ; car les subdivisions, qui par là viennent compléter le quotient, se placent naturellement à la suite de celles qu'on a déjà obtenues.

Supposons qu'on ait à résoudre cette question :

Un père laisse en mourant 5 enfants et 247563 fr. de fortune : quelle sera la part d'héritage de chaque enfant ?

Evidemment il faut faire de l'héritage 5 parties égales ; par conséquent, diviser 247563 fr. par 5.

$$\begin{array}{c|c} 247563 & 5 \\ 49512,6 & \end{array}$$

Après avoir trouvé 49512 fr. pour chaque part, il reste 3 fr. qu'il faut nécessairement réduire en 30 décimes, pour en donner 6 à chaque enfant.

On pourra, pour exercice sur tout ce qui précède, résoudre les problèmes de LXXV à LXXXII.

---

92. Nous avons déjà démontré (n.° 29) que, pour diviser un nombre par 10, par 100, par 1000, etc., c'est-à-dire par l'unité suivie de plus ou moins de zéros, il suffit, dans le cas où le dividende est un nombre entier, de retrancher par la virgule autant de chiffres sur la droite du nombre à diviser qu'il y a de zéros au diviseur ; que, dans le cas où déjà la virgule existe au dividende, il faut la transporter d'autant de rangs vers la gauche.

Ainsi, le quotient de 34627 divisé par 100 est égal à 346,27, et celui de 2053,65 divisé par 1000 est égal à 2,05365.

93. Lorsque le diviseur renferme plusieurs chiffres, on suit, pour opérer la division, un procédé à peu près semblable à celui que nous avons indiqué au n.° 89 ; c'est-à-dire qu'*après avoir écrit le diviseur à la droite du dividende dont on le sépare par un trait vertical, et avoir souligné le diviseur parce que le quotient s'écrira au-dessous, on sépare, par la pensée ou par un point, sur la gauche du dividende, autant de chiffres qu'il y en a dans le diviseur, ou un de plus s'il est nécessaire ; car il faut que cette première partie du dividende puisse contenir le diviseur au moins une fois. Par un tâtonnement qu'un peu d'exercice ou d'intelligence rend facile, on reconnaît le nombre de fois que le diviseur est contenu dans le dividende partiel, et l'on écrit au quotient le chiffre qui indique ce nombre de fois. On multiplie ensuite le diviseur par ce premier chiffre du quotient, et l'on retranche le produit du dividende partiel. Il est évident que ce produit doit être moins fort que le dividende partiel, et que le reste de la soustraction doit être aussi plus petit que le diviseur, car autrement on n'aurait pas mis au quotient le chiffre qui indique réellement le nombre de fois que le dividende contient le diviseur.*

A la droite du reste, quel qu'il soit, on place le premier chiffre suivant du dividende, et l'on forme ainsi un second dividende partiel sur lequel on opère comme sur le premier. Si ce second dividende ne contient pas le diviseur, on met un 0 au quotient.

et l'on prend un chiffre de plus au dividende; au besoin on prendrait deux chiffres au dividende et l'on écrirait deux 0 au quotient.

On continue ainsi l'opération jusqu'à ce qu'on ait employé successivement tous les chiffres du dividende en les prenant toujours de gauche à droite, et en écrivant chaque fois un chiffre de plus au quotient. Tous ces chiffres ou quotients partiels forment le quotient total, et indiquent le nombre de fois que le diviseur est contenu dans le dividende.

Par un exemple raisonné, nous rendrons plus facile l'application de cette règle. Supposons qu'une fontaine donne 312528 litres d'eau dans un jour, ou 24 heures; pour connaître le nombre de litres qu'elle fournit dans une heure, il faut de 312528 faire 24 parties égales, ou diviser le premier nombre par le second ainsi qu'il suit :

$$
\begin{array}{r|l}
312528 & 24 \\
24 & \overline{13022} \\
\hline
72 & \\
72 & \\
\hline
052 & \\
48 & \\
\hline
48 & \\
48 & \\
\hline
0 &
\end{array}
$$

Les deux premiers chiffres à la gauche du dividende suffisent pour contenir 1 fois le diviseur; on écrit donc 1 au quotient. Le produit du diviseur multiplié par ce premier chiffre du quotient est 24, qu'on écrit au-dessous de 31 et dont on le retranche; le reste est 7. A la droite de ce reste on place le chiffre suivant 2 du dividende, et on a ainsi 72 pour le second dividende partiel.

Il n'est pas difficile de reconnaitre que 24 est contenu 3 fois dans 72; on écrit donc 3 au quotient et l'on multiplie ensuite le diviseur par ce même chiffre 3 ; le produit 72, retranché du dividende partiel 72, donne pour reste 0.

Le chiffre suivant 5 du dividende, placé à la droite de 0, ne donne pas un dividende partiel assez fort pour que 24 puisse y être contenu ; on met donc 0 au quotient, et l'on prend encore le chiffre 2, ce qui donne 52 pour le troisième dividende partiel.

24 n'est contenu que 2 fois dans 52 ; on écrit 2 au quotient. Le produit de 2 fois 24 ou 48, retranché de 52, donne 4 pour reste. Enfin le dernier chiffre 8 du dividende et ce reste 4 forment 48 qui contient exactement 2 fois le diviseur.

Le quotient total est donc 13022; c'est-à-dire que cette fontaine fournit 13022 litres d'eau par heure.

94. Il est facile de s'assurer que, par ce procédé, on détermine réellement le nombre de fois que le dividende contient le diviseur, puisque les chiffres du quotient indiquent combien de fois d'abord les plus fortes unités du dividende peuvent le contenir; puis les unités immédiatement inférieures augmentées de celles de l'ordre supérieur qui ne pouvaient pas le contenir une fois de plus; et ainsi jusqu'aux plus faibles unités du dividende.

D'un autre côté, il faut remarquer que chaque chiffre du quotient exprime des unités du même ordre que celles du dividende partiel qui lui a donné naissance ; car, si les mille du dividende peuvent contenir le diviseur, ce ne peut être qu'un certain nombre de mille fois ; les centaines, qu'un certain nombre de cent fois, etc. On peut dire que le quotient, total ou partiel, doit toujours être considéré comme une partie de son dividende ; et que par conséquent il exprime des unités du même ordre que ce dividende, et le plus souvent des unités de la même espèce.

95. Si la dernière division partielle ne se fait pas sans reste, on pourra, comme au n.º 91, continuer l'opération en ajoutant des zéros à ce reste et aux suivants ; on obtiendra ainsi une fraction, complément du quotient. En voici un exemple :

$$
\begin{array}{r|l}
73476 & 162 \\
648 & \overline{453,55} \\
\hline
867 & \\
810 & \\
\hline
576 & \\
486 & \\
\hline
900 & \\
810 & \\
\hline
900 & \\
810 & \\
\hline
90 &
\end{array}
$$

96. On reconnaîtra que l'opération aura été faite

sans erreur, en multipliant le diviseur par le quotient; ce produit, augmenté du reste de la division s'il y en a un, comme dans l'exemple qui précède, doit toujours être égal au dividende. C'est une conséquence de ce que nous avons dit au n.° 86.

On pourra encore diviser le même nombre par le quotient obtenu ; cette seconde division donnera pour quotient le premier diviseur, si l'on opère bien chaque fois.

Nous proposons pour exercice les divisions suivantes, et les problèmes de LXXXIII à XC.

Diviser　　3043845 par 27　　730451630 par 6704
　　　　　　 678930 par 762　　604245735 par 3654

---

97. Puisque le quotient indique le nombre de fois que le diviseur est contenu dans le dividende, il en résulte qu'en doublant, en triplant, en quadruplant, etc., le dividende, le diviseur y sera contenu deux fois, trois fois, quatre fois plus, etc., et que par conséquent le quotient lui-même sera rendu le même nombre de fois plus fort; et que de même, en doublant, en triplant, en quadruplant, etc., le diviseur, le dividende le contiendra deux fois, trois fois, quatre fois moins, et que le quotient sera rendu le même nombre de fois plus faible.

Par la même raison, en rendant le dividende deux fois, trois fois plus faible, etc., le quotient deviendra le même nombre de fois plus faible, et en rendant le diviseur deux fois, trois fois, etc., plus faible, le quotient deviendra le même nombre de fois plus fort.

Il suit de là :

1.° Que, lorsqu'on rend en même temps le dividende et le diviseur le même nombre de fois plus forts ou plus faibles, le quotient ne change pas;

2.°, Qu'on peut, à la droite du dividende et du diviseur, lorsqu'ils sont des nombres entiers, ajouter ou supprimer un égal nombre de zéros, sans changer le quotient: on conçoit en effet que 3 est contenu dans 6 autant de fois que 30 l'est dans 60, que 300 l'est dans 600, etc., et réciproquement;

3.° Que, lorsque le dividende et le diviseur ont autant de chiffres décimaux l'un que l'autre, on peut supprimer la virgule dans les deux nombres, sans changer encore leur quotient (29).

———

98. On peut abréger la division en opérant la soustraction des chiffres des produits partiels à mesure qu'on les obtient, comme dans cet exemple :

$$\begin{array}{l} 29911.98 \\ 37879 \\ 30478 \\ 0000 \end{array} \left\{ \begin{array}{l} 4354 \\ \hline 687 \end{array} \right.$$

Après avoir pris sur la gauche du dividende les cinq chiffres qui sont nécessaires pour contenir tous ceux du diviseur, on reconnaît, en ne comparant même que les chiffres des mille entre eux, qu'il faut mettre 6 au quotient. En multipliant le diviseur par ce chiffre 6, on dit: 6 fois 4 égalent 24, qu'on ne peut retrancher du premier chiffre 1, à la droite du dividende partiel, mais qu'on retranchera de 31, et on aura 7 pour reste. Et parce que par là on augmente le dividende partiel de 3 unités de l'ordre du second chiffre à droite, on augmentera aussi de 3 le produit suivant de 5 multiplié par 6 ou 30 ; et on aura 33 à retrancher du second chiffre 1. Pour que cette soustraction soit possible, on supposera 41, et l'on ajoutera 4 au produit suivant ; et ainsi de suite.

Après quelques divisions ainsi effectuées, on reconnaîtra la facilité et surtout l'avantage de cette abréviation.

99. Si, comme nous l'avons fait observer au n.° 74, tout multiplicateur doit être considéré comme un nombre abstrait, indiquant seulement le nombre de fois que le multiplicande doit être répété, nous ajouterons que tout quotient, quelle que doive être l'espèce de ses unités, peut être regardé, relativement à l'opération, comme faisant connaître d'une manière également abstraite le nombre de fois que le diviseur est contenu dans le dividende.

RÉCAPITULATION ET PRINCIPES.

I. *Diviser un nombre par un autre, c'est, ou déterminer combien de fois le premier de ces nombres contient le second ; ou faire du premier autant de parties égales que l'indique le second.*

II. *Le quotient peut et doit, dans le cours de l'opération, être considéré comme indiquant d'une manière abstraite le nombre de fois que le dividende contient le diviseur.*

III. *Donc, en multipliant ou en divisant le dividende, on opère de la même manière sur le quotient ; et, en multipliant ou divisant le diviseur, le quotient subit un changement contraire.*

IV. On peut, par la même raison, sans changer le quotient, multiplier ou diviser par un même nombre le dividende et le diviseur ; et par conséquent ajouter ou supprimer un même nombre de zéros, un facteur commun, la virgule, si le nombre de décimales est égal de part et d'autre, etc. ; le quotient sera toujours le même.

V. Le produit du diviseur multiplié par le quotient, et augmenté du reste s'il y en a un, doit toujours être égal au dividende.

PROBLÈMES.

LXXV. Une troupe d'ouvriers doit terminer en 8 jours un fossé de 7448 mètres : combien en doit-elle faire chaque jour ?

LXXVI. Du lundi matin au jeudi soir, un voyageur a dépensé 344 francs : combien a-t-il dépensé par jour ?

LXXVII. Six héritiers ont à se partager un domaine de 7920 ares : quelle sera la part de chacun ?

LXXVIII. D'une pièce de drap de 37^m 35 on a fait 9 manteaux : combien a-t-on employé de drap pour chaque manteau ?

LXXIX. On doit payer 7894 fr. 50 c. par trois billets ou effets d'égale valeur : quelle somme doit être mentionnée sur chaque effet ?

LXXX. En cinq ans, une société qui exploite un chemin de fer a fait pour 48730918 fr. de recettes : quelle est la recette moyenne d'une année (*) ?

(*) Par recette moyenne, on entend celle d'une année, si tous les ans on recevait la même somme.

LXXXI. Une ville entretient sept écoles communales, et dépense annuellement pour cela 17470 fr. 75 c. : quelle est la dépense que nécessite l'entretien de chaque école ?

LXXXII. Une place bien carrée a 375^m 95 de contour : quelle est la longueur de chacun de ses côtés ?

———

LXXXIII. Un régiment composé de 8428 hommes a coûté à l'Etat 1485915 f. pour un an d'entretien et de solde : quelle somme fallait-il par jour ?

LXXXIV. La population du globe est évaluée à 1195643600 habitants environ ; si cette population est renouvelée tous les 27 ans, combien doit-il mourir d'habitants par an ?

LXXXV. Combien, d'après le problème précédent, doit-il mourir d'habitants du globe par jour ?

LXXXVI. Une compagnie s'engage à faire établir, en six mois, un chemin de fer de 123602 mètres de longueur : combien, terme moyen, faudra-t-il qu'il en soit fait par jour ?

LXXXVII. Et si cette construction doit coûter 12525248 fr., à combien reviendra le mètre ?

LXXXVIII. Il y a environ 7000 ans que le monde existe ; si les hommes avaient continué à vivre 900 ans comme Mathusalem, combien se seraient écoulées de générations depuis le commencement du monde ?

LXXXIX. L'équateur est un cercle qu'on suppose tracé autour de la terre à égale distance des deux pôles ; on sait qu'il a environ 40000000 de mètres ; on désire savoir combien mettrait de temps à le parcourir un homme qui ne rencontrerait aucun obstacle, et qui, chaque jour, terme moyen, franchirait 28745 mètres.

CHAPITRE VI.

Suite de la division.

100. Lorsque le dividende ou le diviseur, ou bien tous les deux, renferment des décimales, on peut trouver quelques difficultés à effectuer la division. Mais il sera toujours facile, si les deux nombres n'ont pas autant de chiffres décimaux l'un que l'autre, d'ajouter des 0 à la droite de celui qui en a le moins ou qui n'en a pas, de manière qu'il y en ait autant dans chacun des deux, ce qui ne changera pas sa valeur (29); on opère ensuite la division sans faire attention aux virgules, ainsi que nous l'avons déjà expliqué au chapitre précédent, n.º 97, 3º.

101. Ce procédé, si facile et applicable dans tous les cas, n'est pourtant pas toujours le plus simple. Nous allons dire les deux circonstances dans lesquelles on peut abréger l'opération :

1º Si le dividende seul renferme des décimales, et que sa partie entière soit plus forte que le diviseur, on agit comme si les deux nombres étaient entiers ; mais on place une virgule au quotient, lorsque, pour former les dividendes partiels, on emploie le premier chiffre décimal du dividende total. Nous en avons donné la raison au nº 90 du chapitre précédent.

2º Si le dividende renferme plus de décimales que le diviseur, et que toujours la partie entière puisse contenir celle du diviseur, on supprime la virgule dans ce dernier nombre, et on la reporte dans le dividende d'autant de rangs vers la droite que le diviseur a de chiffres décimaux ; on ne fait par là que multiplier les deux nombres à diviser par une même quantité, ce qui ne change pas le quotient (97, 1°), et l'on opère comme dans le cas précédent.

En voici des exemples, avec les abréviations indiquées au n° 98 :

$$
\begin{array}{ll}
1° \ 8040,96 \ \left\{ \begin{array}{c} 349 \\ \hline 23,04 \end{array} \right. & \qquad 2° \ 7884,0125 \ \left| \begin{array}{c} 94,25 \\ 9425 \\ \hline 83,65 \end{array} \right. \\
1060 & \text{Soit} : \ 788401,25 \\
\ 1396 & \qquad\qquad 34401 \\
\ \ 000 & \qquad\qquad 61262 \\
& \qquad\qquad 47125 \\
& \qquad\qquad 0000
\end{array}
$$

102. Pour opérer la division des fractions décimales, on suit en tout point la même marche que pour diviser des nombres fractionnaires ; c'est-à-dire qu'on complète le nombre de chiffres dans celle des fractions qui en a le moins, en ajoutant des zéros à la droite ; et l'on procède ensuite sans faire attention aux virgules. Nous savons déjà que l'addition de ces zéros ne change pas la valeur de la fraction, et que la suppression de la virgule, lorsqu'il y a autant de décimales dans le diviseur que dans le dividende, ne fait point varier le quotient.

Ainsi 0,3 divisé par 0,06, est égal à 0,30 divisé par 0,06, qui lui-même est égal à 30 divisé par 6 et donne 5 pour quotient.

103. Si, après avoir complété le nombre des décimales et supprimé les virgules, le dividende se

trouve être moins fort que le diviseur, on met au quotient un 0 suivi d'une virgule et l'on ajoute un 0 à la droite du dividende. Si cela ne suffit pas pour rendre la division possible, on écrit un 0 de plus au quotient, à la droite cette fois de la virgule, et un autre au dividende, et ainsi de suite. Quant aux restes qu'on obtient, on les traite comme ceux de la division des nombres entiers.

104. Il est important de ne pas oublier que la fonction du quotient est d'indiquer le nombre de fois que le diviseur est contenu dans le dividende. Or, il arrive souvent que le diviseur n'est contenu qu'une partie de fois dans le dividende, et dans ce cas le quotient doit être nécessairement une fraction.

En second lieu, lorsqu'on divise deux fractions l'une par l'autre, celle qui sert de diviseur peut être contenue une ou plusieurs fois dans l'autre ; et alors le quotient est un nombre entier ou fractionnaire. C'est ainsi que la division de 0,3 par 0,06, du numéro précédent, donne 5 pour quotient : c'est-à-dire que la seconde fraction est contenue 5 fois dans la première.

Les divisions suivantes présentent des applications de tout ce que nous venons de dire ; nous les proposons pour exercice, ainsi que les problèmes de XC à XCV.

0,134 divisé par 0,09   0,0004 divisé par 0,025
0,24 divisé par 0,6482 0,1   divisé par 0,0945

REMARQUE.—La preuve de toutes ces divisions se fait comme celle des divisions des nombres entiers ; il faut toujours que le produit du diviseur, multiplié par le quotient et augmenté du reste s'il y en a un, soit égal au dividende.

105. La division des nombres complexes présente deux cas, selon que les deux quantités sont de la même espèce, ou qu'elle sont d'espèce différente.

1° Lorsque les deux nombres à diviser sont de la même espèce, on les réduit l'un et l'autre en unités de la plus petite subdivision exprimée, et on divise ensuite les deux nombres entiers qui en résultent, l'un par l'autre.

Or, pour réduire un nombre complexe en unités de la plus petite subdivision sans en changer la valeur, il faut multiplier la partie entière, s'il y en a une, par le nombre qui indique combien l'unité vaut de parties de la première subdivision et ajouter au produit les parties de cette première subdivision qui se trouvent dans le nombre. On multiplie ensuite ce dernier résultat par le nombre qui indique combien une partie de la première subdivision vaut de parties de la seconde, et l'on ajoute au produit celles de ces parties qui peuvent se trouver dans le nombre ; et ainsi de suite, jusqu'à ce qu'on soit parvenu à la dernière subdivision.

Supposons qu'on ait à résoudre la question suivante :

Un astre parcourt 13° 25′ dans un jour : combien mettra-t-il de temps pour parcourir 135° 40′ 30″ ?

Il est évident que cet astre mettra à parcourir ce dernier nombre de degrés, autant de jours que 13° est contenu de fois dans 135° 40′ 30″ : c'est donc par une division que le problème sera résolu.

Il faut d'abord réduire les deux nombres en secondes ; et pour cela on multipliera 13 par 60 puisqu'il faut 60′ pour former un degré ; et au produit, 780, on ajoutera les 25 minutes qui sont dans le diviseur : on aura ainsi 805′. Mais parce que le di-

5

vidende contient des secondes, il faut encore multiplier ce dernier résultat par 60, nombre de secondes que contient une minute : le diviseur se trouve ainsi exprimé par 48300″. En suivant le même procédé, on réduira le dividende 135° 40′ 30″ à son équivalent 488430″, et l'on n'aura plus qu'à diviser 488430″ par 48300″. On dispose d'ailleurs les calculs ainsi qu'il suit :

$$
\begin{array}{r|l}
135°\ 40′\ 30″ & 13°\ 25′ \\
60 & 60 \\
\hline
8100 & 780 \\
+40 & +25 \\
\hline
8140 & 805 \\
60 & 60 \\
\hline
488400 & 48300 \\
+30 & \\
\hline
488430 & 48300 \\
5430 & 10\ \text{j.}\ 2\ \text{h.}\ 41′ \\
24 & \\
\hline
21720 & \\
10860 & \\
\hline
130320 & \\
33720 & \\
60 & \\
\hline
2023200 & \\
91200 & \\
42900 & \\
\end{array}
$$

La division de 488430 par 48300 donne pour quotient 10 jours, plus pour reste 5430, insuffisants pour qu'on puisse augmenter le quotient d'un jour. Mais on remarquera que, puisque, pour répondre à la question, on obtient des jours, il faut, afin de pouvoir continuer l'opération, convertir le reste en parties de jours, c'est-à-dire en heures. Le jour, tel qu'on le considère ici, est de 24 heures : on multiplie donc 5430 par 24, et le produit 130320, divisé par 48300, donne 2 heures pour premier complément du quotient. Le reste des heures se convertit en minutes, en le multipliant par 60 ; la division du produit donne 41′ pour second complément du quotient. On pourrait, en continuant les mêmes calculs, obtenir des secondes, puis des tierces, etc.

Cet astre mettra donc 10 jours 2 heures 41 minutes pour parcourir 135° 40′ 30″.

106. Nous avons à démontrer qu'en réduisant ainsi le dividende et le diviseur à une même plus petite subdivision, sans changer leur valeur réelle, on n'agit nullement sur le quotient à obtenir. En effet, les grandeurs que représentent les nombres complexes ne changent pas de valeur absolue quel que soit l'ordre d'unités qu'on emploie pour les mesurer ; leur rapport est donc nécessairement toujours le même, et par conséquent leur quotient, qui n'est autre chose que l'expression de ce rapport, ne doit pas varier. C'est ainsi que, si le rapport entre 12 et 4 mois est 3, ce rapport est le même entre 360 jours, qui représentent 12 mois (année commerciale), et 120 jours, qui représentent 4 mois, c'est-à-dire toujours 3.

107. 2.º Lorsque le dividende et le diviseur ne sont pas de la même espèce, le quotient doit toujours être de celle du dividende, par la raison qu'un produit doit toujours être de la même espèce que l'un de ses facteurs.

Dès-lors, si le dividende seul est complexe, on divise d'abord la partie entière du dividende d'après la règle que nous avons établie pour la division de deux nombres entiers (91); et le reste, s'il y en a un, se convertit en unités de la première subdivision, auxquelles on ajoute celles de ces parties que peut déjà renfermer le nombre. En continuant la division, on obtient, pour être ajoutées au quotient, des unités de l'espèce de cette première subdivision. Le reste de cette seconde division se convertit de même en unités de la subdivision suivante; et ainsi de suite jusqu'à ce qu'on ait opéré sur toutes les parties du dividende.

Le problème suivant nous fournit un exemple de pareille division :

Un ouvrier a mis 27 jours 8 h. 30′ pour faire 15 mètres d'ouvrage : combien lui a-t-il fallu de temps pour en faire 1 mètre?

Evidemment, il ne lui a fallu que la quinzième partie de 27 j. 8 h. 30′; c'est donc une division qu'il faut faire. (Nous ferons observer que dans ce cas le jour n'est que de 12 heures.)

On dispose les nombres et on effectue les calculs ainsi qu'il suit :

$$27 \text{ j. } 8 \text{ h. } 30' \left\{ \begin{array}{l} 15 \\ \hline 1 \text{ j. } 10 \text{ h. } 10' \end{array} \right.$$

$$
\begin{array}{r}
12 \\
12^{\text{h}} \\
\hline
24 \\
12 \\
\hline
144^{\text{h}} \\
+8^{\text{h}} \\
\hline
152^{\text{h}} \\
02 \\
60' \\
\hline
120' \\
+30' \\
\hline
150' \\
00
\end{array}
$$

Donc il a fallu à cet ouvrier 1 j. 10 h. 10' pour chaque mètre d'ouvrage.

108. Lorsque le diviseur ou bien les deux nombres sont complexes et de nature différente, on ramène la division au cas précédent, en rendant le diviseur incomplexe. Pour cela on multiplie le dividende et le diviseur, d'abord par le nombre qui indique combien il faut de parties de la plus petite subdivision du diviseur pour en former une de la subdivision immédiatement supérieure; ce qui ne change pas le quotient (97) et fait disparaître cette plus petite subdivision. On multiplie ensuite dividende et diviseur par le nombre indiquant combien il faut de parties de la dernière subdivision restante pour former une partie de la subdivision supérieure;

et ainsi de suite, jusqu'à ce qu'on n'ait plus qu'un nombre entier au diviseur.

Voici un exemple de cette division : on fait le rajet par le chemin de fer, de Paris à Orléans, en 3 h. 15′ 50″ ; la distance entre ces deux villes est de 127 kilomètres environ : quel est le chemin parcouru en 1 heure? Évidemment il faut du nombre de mètres parcourus faire autant de parties égales qu'on a mis d'heures à les franchir. Avant de diviser 127 kilomètres par 3 h. 15′ 50″, on multiplie les deux nombres d'abord par 60, puisqu'il faut 60″ pour 1′ ; puis on multiplie les résultats par 60, parce qu'il faut 60′ pour 1 h. Alors le diviseur sera devenu nécessairement un nombre entier, et on opèrera la division comme dans le n.° précédent.

Voici du reste l'indication des calculs à faire :

127	3 h. 15′ 50″
60	60
7620	195 h. 50′
60	60
457200	11750
104700	38 k. 910 m.
107000	
12500	
7500	

On parcourt ainsi 38 kilomètres plus 910 mètres par heure. Cet exemple et le précédent suffisent pour faire comprendre comment on devra résoudre les problèmes de XCV à C.

409. Pour certains problèmes, on a souvent besoin de combiner la division avec d'autres opérations. Telle est la question suivante : une famille est composée du père, de la mère et de trois enfants ; le père dépense annuellement 785 fr., la mère 310 fr., et les enfants 192 fr. chacun ; une propriété leur donne un revenu de 650 fr. : combien faut-il que le père gagne encore par jour pour suffire aux besoins de tous, en faisant attention que, dans l'année, il n'y a que 308 jours de travail ?

De la somme des dépenses il faut évidemment soustraire ce que rapporte la propriété, et diviser la différence car 308.

$$785 + 310 + 3 \text{ fois } 192 = 1671$$
$$1671 - 650 = 1021$$
$$\frac{1021}{308} = 3,314$$

Il faudra donc que le père gagne, tous les jours de travail, un peu plus de 3 fr. 30 c.

Les problèmes de C à CV sont à peu près semblables à celui que nous venons de résoudre.

PROBLÈMES.

XC. On a payé 38 fr. 75 c. pour 9ᵐ 465 : combien coûte le mètre ?

XCI. Un rouleau de papier peint a 12ᵐ 50 de long : combien pourra-t-on faire de laisses de 4ᵐ 38 chacune ?

XCII. Combien pourra-t-on faire de planches de

0,062 d'épaisseur chacune avec un arbre qui n'a que 0,48 d'équarrissage ?

XCIII. La médecine homœopathique emploie des pilules dans lesquelles il entre 0 gr. 0000035 d'un poison très subtil : combien pourra-t-on faire de ces pilules avec 0 gr. 53 de ce poison ?

XCIV. D'après l'abbé Haüy, physicien célèbre, on peut, avec une substance pierreuse appelée *mica,* n'ayant que 0^m 001 d'épaisseur, faire jusqu'à 23255 lames : quelle est alors l'épaisseur de chaque lame ?

———

XCV. Un ouvrier met 3 j. 7 h. 30' pour faire 1 mètre d'ouvrage : combien en fera-t-il dans 35 j. 4 h. 50' ?

XCVI. Un courrier a fait le voyage de Toulouse à Paris en 2 j. 17 h. 35' sans s'arrêter ; la distance est de 669 kilomètres : quel temps employait-il à parcourir 1 kilomètre ?

XCVII. Une comète en 35 jours a parcouru 34° 17' 38" : combien parcourait-elle de degrés dans un jour ?

XCVIII. L'aiguille d'une machine s'est avancée sur un cadran de 4° 13' 5" en 3 h. 11' : quel est le nombre d'heures qu'elle met à parcourir 1° ?

XCIX. Quel est le nombre de degrés que cette même aiguille parcourt dans 1 heure ?

———

C. Une personne économise tous les jours 0 fr. 22 c. sur les dépenses qui ne sont pas d'une grande nécessité : combien aura-t-elle économisé en 76 ans, en supposant que, pour parer à des revers inattendus, elle a dû prendre une fois 800 fr. et une autre fois 145 fr. 50 c. sur ses économies ?

CI. On a acheté 45 hectares de terres à raison de 1525 fr. 75 c. l'hectare; on avait emprunté pour cela 27500 fr.; en revendant ces terres et après avoir remboursé ce qu'on avait emprunté, on se trouve avoir 3055 fr. 25 c. de bénéfice net : combien avait-on auparavant, et combien a-t-on gagné par hectare ?

CII. Il se consomme tous les ans en France environ 1216450 bœufs, au prix moyen de 275 fr. l'un; 845630 vaches, au prix moyen de 180 fr.; 2094674 veaux, au prix moyen de 63 fr., et à peu près 3450629 autres têtes de bétail, au prix moyen de 25 fr. l'une : combien coûte toute cette consommation, et pour quelle somme consomme-t-on par mois, puis par jour ?

CIII. Si la population de la France est de 35420190 habitants, quelle est, d'après le problème précédent, la dépense moyenne par personne et par jour ?

CIV. Une personne a vécu 82 ans; elle en a passé 12 dans l'enfance, 8 dans les colléges, 22 dans la vieillesse ou les infirmités ; elle a dormi habituellement 9 h. par jour pendant toute sa vie : combien a-t-elle eu de temps à s'occuper sérieusement et utilement, si on fait encore déduct'on du cinquième de ce dernier temps employé à des futilités ?

CHAPITRE VII.

Des opérations sur les fractions ordinaires.

140. Une fraction ordinaire, ainsi que nous l'avons déjà expliqué au chapitre IV de la première partie, n° 26, est toujours représentée par un numérateur et un dénominateur, et c'est le rapport de ces deux nombres, appelés encore les *termes* de la fraction, qui en constitue la valeur. Il est donc nécessaire de ne jamais perdre de vue ce que devient ce rapport lorsqu'on modifie l'un ou l'autre des deux termes, ou bien tous les deux.

111. D'un autre côté, on peut toujours considérer une fraction ordinaire comme une *division indiquée*, puisque, pour trouver le rapport du numérateur au dénominateur, ou la valeur réelle de la fraction, il faudrait diviser le premier de ces deux nombres par le second.

Or, nous avons prouvé (97) que, lorsqu'on multiplie ou qu'on divise le dividende et le diviseur par un même nombre, le quotient reste le même. Donc, on peut aussi multiplier ou diviser par un même nombre les deux termes d'une fraction sans en changer la valeur. C'est là l'une des principales propriétés des fractions et la plus importante dans le calcul de ces sortes de nombres.

Remarque. — La fraction devient plus grande toutes les fois qu'on ne fait qu'*ajouter* un même nombre à ses deux termes ; elle devient plus petite lorsqu'on l'en *retranche;* car alors le rapport du numérateur au dénominateur ne reste plus le même ; il devient plus fort dans le premier cas, et plus faible dans le second.

En effet, dans une fraction proprement dite, puisque le numérateur est un nombre plus faible que le dénominateur, en ajoutant une même quantité à ces deux termes, on augmente le numérateur relativement plus que le dénominateur ; et en retranchant une même quantité, on diminue relativement plus le premier de ces deux termes que le second ; ce qu'on peut encore vérifier en divisant chaque numérateur par son dénominateur et en évaluant le quotient en fraction décimale.

Le contraire a lieu si, au lieu d'une fraction, on opère sur un nombre fractionnaire, c'est-à-dire lorsque le numérateur est plus fort que le dénominateur.

$$\text{Ainsi } 3/4 < \frac{3+2}{4+2} \text{ ou } \frac{5}{6}$$

$$\text{et } 7/5 > \frac{7+3}{5+3} \text{ ou } \frac{10}{8}$$

112. L'opération par laquelle on donne ainsi d'autres termes à une fraction sans en changer la valeur, s'appelle *réduction;* on en distingue de quatre sortes, savoir :

Réduction des fractions au même dénominateur ;

Réduction à une expression plus simple ;

Réduction des fractions en fractions d'une autre espèce ;

Réduction d'entiers en nombres fractionnaires,
et réciproquement.

113. *Réduction des fractions au même dénominateur.* La règle générale pour réduire plusieurs fractions ordinaires au même dénominateur consiste à multiplier successivement les deux termes de chacune par le produit des dénominateurs de toutes les autres. Lorsqu'il n'y a que deux fractions, il suffit de multiplier les deux termes de la première par le dénominateur de la seconde, et ensuite les deux termes de la seconde par le dénominateur de la première.

Ainsi, pour réduire au même dénominateur 7/8, 3/5 et 1/4, on multiplie d'abord chacun des nombres 7 et 8 de la première fraction par 20, produit des dénominateurs 5 et 4 des deux autres ; puis chacun des nombres 3 et 5 de la seconde fraction par 8×4 ou 32 ; et enfin, chacun des nombres 1 et 4 de la troisième fraction par 8×5 ou 40. Alors ces trois fractions deviennent $\frac{140}{160}$, $\frac{196}{160}$ et $\frac{40}{160}$

Par ce procédé, on ne change évidemment pas la valeur des fractions, puisqu'on ne fait que multiplier les deux termes de chacune par un même nombre ; et en second lieu on obtient nécessairement le même dénominateur pour toutes ; puisque, ainsi qu'il est facile de le reconnaître, chacun des dénominateurs nouveaux est le produit de tous les dénominateurs des premières fractions.

114. On abrège l'opération lorsque l'on reconnaît qu'en multipliant les deux termes de quelques-unes

des fractions proposées, par un nombre pris en dehors du produit des autres dénominateurs, on peut rendre les dénominateurs de ces quelques fractions égaux à ceux des autres.

Ainsi, s'il s'agit de réduire au même dénominateur $\frac{2}{3}$, $\frac{7}{12}$ et $\frac{3}{4}$, il est facile de reconnaître qu'en multipliant les deux termes de la première fraction par 4 et les deux termes de la troisième par 3, on obtiendra, sans faire subir aucun changement à la seconde, $\frac{8}{12}$, $\frac{7}{12}$ et $\frac{9}{12}$.

On propose, d'après tout ce que nous venons de dire, de réduire au même dénominateur les fractions suivantes :

$$\frac{7}{11}, \frac{6}{10}, \frac{17}{35} \qquad \frac{3}{8}, \frac{5}{6}, \frac{11}{13}, \frac{4}{7}$$

$$\frac{6}{19}, \frac{2}{9}, \frac{14}{44} \qquad \frac{2}{3}, \frac{5}{6}, \frac{13}{24}, \frac{7}{12}$$

---

115. *Réduction des fractions à une expression plus simple.* Cette réduction est une conséquence du principe qu'on ne change pas la valeur d'une fraction en divisant ses deux termes par un même nombre ; il est évident que, lorsque le numérateur et le dénominateur auront été l'un et l'autre divisés par 2, ou par 3, ou par 4, ou par tout autre nombre, la fraction qui en résultera sera bien plus simplement ex-

primée. Ainsi, en divisant par 5 les deux termes de $\frac{25}{35}$, on a pour fraction réduite et de même valeur $\frac{5}{7}$.

116. Pour connaître de quels diviseurs on peut se servir, il faut savoir que tout nombre se divise exactement par 2 lorsqu'il est terminé par 0, ou 2, ou 4, ou 6, ou 8. Car les dizaines d'un nombre, et par conséquent les centaines, les mille, etc., qui ne sont composés que de dizaines, sont toujours exactement divisibles par 2; il suffit donc que le chiffre des unités soit lui-même divisible par 2, ou qu'il soit *pair;* tels sont les nombres 754, 80, 176, etc.

(*Voir à la fin de l'ouvrage la note 1.*)

117. Par la même raison, un nombre est divisible exactement par 5, lorsque le chiffre des unités est 0 ou 5, comme 45, 500, etc.

118. Pour qu'un nombre puisse être exactement divisé par 3 ou par 9, il faut que les chiffres qui le composent, considérés dans leur valeur absolue, et additionnés, donnent pour somme 3, ou 9, ou un multiple de ces deux nombres. Si cette somme est trop forte pour qu'on puisse reconnaître immédiatement si elle est un multiple de 3 ou de 9, on additionne encore ses chiffres; opération qu'on peut répéter jusqu'à ce que le résultat ne soit plus exprimé que par un seul chiffre.

Ainsi, 243 est divisible exactement par 3 et en même temps par 9, parce que $2 + 4 + 3 = 9$. Il en est de même des nombres 8064, 4752, etc.

En effet, puisque $10 = 9 + 1$, que $100 = 99 + 1$, que $1000 = 999 + 1$, etc.; et que par conséquent

$40 = 4 \times 9 + 4$; que $200 = 2 \times 99 + 2$, etc., il s'ensuit que tout nombre, dans notre système de numération décimale, est égal à un multiple de 9 ou à certain nombre de fois 9, plus la somme de ses chiffres additionnés dans leur valeur absolue. Il suffit donc que cette somme soit divisible par 9, pour qu'on puisse prendre sans reste la neuvième partie du nombre lui-même. Et parce que 9 est divisible par 3, toute quantité divisible par le premier de ces deux nombres sera nécessairement divisible par l'autre (*).

119. Lorsqu'on voudra réduire une fraction à une plus simple expression, on divisera ses deux termes, d'abord par 2 s'il est possible et autant de fois qu'on le pourra; puis par 3, puis par 5, etc., et lorsque les deux termes ne seront plus divisibles l'un et l'autre par un même nombre, la fraction se trouvera réduite à sa plus simple expression. Il faut remarquer que, si l'on employait tout de suite le plus grand de tous les diviseurs communs aux deux termes, on obtiendrait immédiatement l'expression la plus simple de la fraction à réduire.

(*Voir à la fin de l'ouvrage la note 2.*)

On s'exercera à réduire les fractions suivantes:

$$\frac{48}{1260}, \quad \frac{45}{630}, \quad \frac{546}{2502}, \quad \frac{1980}{100000}, \quad \text{etc.}$$

(*) Nous ne prétendons point donner ici la théorie complète de la divisibilité des nombres ; la démonstration des principes sur lesquels repose cette théorie nous ferait sortir des limites que nous nous sommes posées, et ne serait d'aucune utilité pour ceux à qui nous destinons cet ouvrage.

120. *Réduction de fractions données en fractions d'une autre espèce.* On peut, par exemple, convertir une fraction ordinaire en fraction décimale, et réciproquement. Les procédés à suivre pour cela ne sont ni longs ni difficiles. Soit la fraction 7/8 à convertir en fraction décimale. Nous avons dit (111) que l'on peut toujours considérer une fraction ordinaire comme une division indiquée du numérateur par le dénominateur; mais parce que le dividende, quand il ne s'agit pas d'un nombre fractionnaire, est plus petit que le diviseur, on doit mettre 0 à la place des unités du quotient, et convertir le dividende successivement en dixièmes, puis en centièmes, puis en millièmes, etc., comme nous l'avons fait au n.° 91. On fera donc cette division :

$$
\begin{array}{r|l}
70 & 8 \\
60 & \overline{} \\
\ \ 40 & 0,875 \\
\ \ \ 0 &
\end{array}
$$

On reconnaît par là que $7/8 = 0,875$.

La division ne se termine pas toujours exactement après un certain nombre de zéros ajoutés aux restes : il arrive même assez souvent qu'elle se prolongerait indéfiniment; mais alors on se contente de quelques chiffres au quotient; tous ceux qu'on néglige ne valent pas une unité de l'ordre du dernier chiffre conservé. $\dfrac{5}{7}$ converti en décimales offre un exemple de ce genre de quotient, aussi bien que $\dfrac{8}{5}$, $\dfrac{9}{11}$, etc.

121. Pour convertir une fraction décimale en fraction ordinaire, il suffit d'écrire au numérateur tous les chiffres qui se trouvent à la droite de la virgule, et de former le dénominateur en ajoutant au chiffre 1 autant de 0 qu'il y a de chiffres au numérateur. Il est évident, en effet, que $0,9=\dfrac{9}{10}$, que $0,645=\dfrac{645}{1000}$, etc. On simplifie ensuite la fraction, s'il y a lieu, en divisant ses deux termes par un même nombre. C'est ainsi que $\dfrac{645}{1000}=\dfrac{129}{200}$.

---

122. *Réduction de nombres entiers en nombres fractionnaires.* Puisque chaque unité vaut autant de parties que l'indique le dénominateur, il est facile de reconnaître que, pour exprimer en fraction la valeur d'un nombre entier, il suffit de multiplier ce dernier nombre par le dénominateur que doit avoir la fraction. Ainsi, $4=\dfrac{4\times 6}{6}=\dfrac{24}{6}=$; $38=\dfrac{38\times 45}{45}=\dfrac{1710}{45}$.

Réciproquement, on peut, d'une expression fractionnaire, extraire les entiers en divisant le numérateur par le dénominateur ; le quotient fera connaître le nombre d'unités renfermées dans l'expression ; et le reste, s'il y en a, restera fraction. On trouvera ainsi que $\dfrac{56}{7}=8$; que $\dfrac{60}{7}=8+\dfrac{4}{7}$.

RÉCPITULATION ET PRINCIPES.

I. *Toute fraction ordinaire peut être considérée*

comme une division indiquée du numérateur par le dénominateur.

II. La valeur d'une fraction ne change pas, soit qu'on multiplie, soit qu'on divise ses deux termes par un même nombre; le contraire a lieu lorsque le nombre est fractionnaire.

III. Mais on rend la fraction plus grande en ajoutant un même nombre à ses deux termes; et plus petite, si on l'en retranche.

IV. Réduire une fraction, c'est modifier les nombres qui la représentent sans changer leur rapport.

V. Il y a des nombres qui, représentés par des fractions ordinaires, ne peuvent l'être exactement par une fraction décimale.

EXERCICES.

L'étude des fractions ordinaires est sans contredit celle qui présente le plus de difficultés aux élèves, même les plus intelligents; il est donc nécessaire que, par des questions semblables à celles qui suivent, on s'assure que tout ce que nous venons de dire a été bien compris. Du reste, quoique nous ne l'indiquions pas, il sera toujours très utile de questionner les élèves après l'explication de chaque numéro, ou au moins de chaque chapitre.

Qu'est-ce qu'une fraction? — Une fraction ordinaire? — Un numérateur? — Un dénominateur? — Qu'est-ce qui constitue la valeur d'une fraction?

Que devient une fraction lorsqu'on augmente son numérateur? — Lorsqu'on augmente son dénominateur? — Lorsqu'on augmente également l'un et l'autre? — Lorsqu'on les diminue l'un ou l'autre? — Lorsqu'on les diminue également tous les deux.

Que devient une fraction lorsqu'on multiplie son numérateur?—Son dénominateur?—Tous les deux par un même nombre?—Par des nombres différents?—Quand on les divise séparément ou ensemble, etc.

Qu'entend-on par *réduction*? combien y en a-t-il d'espèces?—Comment réduit-on deux ou plusieurs fractions au même dénominateur?—Prouvez qu'en suivant ce procédé on ne change pas la valeur des fractions, et qu'on obtient nécessairement un même nombre pour tous les dénominateurs, etc., etc.

On pourra établir de semblables questions sur le reste du chapitre, et demander un exemple à l'appui de chaque réponse.

CHAPITRE VIII.

Suite des opérations sur les fractions ordinaires.

123. Les fractions ordinaires sont susceptibles, comme les fractions décimales et les nombres entiers, d'être additionnées, soustraites, multipliées et divisées. Nous allons expliquer comment on procède pour chacune de ces opérations.

124. *Addition des fractions.* On sait déjà qu'on ne peut additionner que des quantités de la même espèce. Il faut donc que les fractions ordinaires, lorsqu'on veut les réunir en une seule, expriment des mêmes parties de l'unité, c'est-à-dire qu'elles aient le même dénominateur. On ne saurait en effet additionner 3 parties qui seraient des quarts de l'unité avec 2 qui en seraient des tiers, car la somme 5 n'exprimerait ni des quarts ni des tiers. Par conséquent, si les fractions à additionner n'ont pas le même dénominateur, on les y réduit par l'un des procédés indiqués au chapitre précédent, n° 113.

125. L'addition s'effectue ensuite *en faisant la somme des numérateurs de toutes les fractions, et en écrivant au-dessous le dénominateur commun.* Il est évident en effet que 2 septièmes et 3 septièmes égalent 5 septièmes, comme 2 fr. et 3 fr. égalent 5 fr.;

ainsi on a : $\dfrac{2}{7} + \dfrac{3}{7} = \dfrac{5}{7}$.

De même, $\dfrac{3}{4} + \dfrac{7}{9} + \dfrac{1}{2} = \dfrac{54}{72} + \dfrac{56}{72} + \dfrac{36}{72} =$

$\frac{146}{72}$, nombre fractionnaire qu'on peut réduire d'a-

bord à une expression plus simple $\frac{73}{36}$, en divisant les

deux termes par 2; et qui enfin devient, en extrayant

les entiers, $2 + \frac{1}{36}$.

126. On peut avoir à additionner des nombres entiers accompagnés de fractions ordinaires. Dans ce cas, on commence par additionner les fractions; si leur somme contient des entiers, on les extrait pour les ajouter à la somme des entiers. En procé-dant ainsi, on trouvera que $7\frac{3}{5} + 12\frac{2}{3} = 7\frac{9}{15} + 12\frac{10}{15} = 20 + \frac{4}{15}$.

On fera les additions suivantes, et l'on résoudra les problèmes de CV à CIX.

$$\frac{3}{8} + \frac{5}{7} + \frac{3}{4} + \frac{1}{2} \qquad 480\,\frac{7}{9} + 34\,\frac{2}{5} + 125\,\frac{3}{4}$$

$$\frac{11}{13} + \frac{5}{9} + \frac{10}{19}\,\frac{7}{8} \qquad 4\,\frac{27}{30} + 143\,\frac{21}{35} + 13\,\frac{9}{11}$$

127. *Soustraction des fractions.* Il faut également que les deux fractions ordinaires que l'on veut soustraire l'une de l'autre aient le même dénomi-nateur; et lorsqu'on les y a réduites, s'il y a lieu, *on soustrait le numérateur de l'une du numérateur de l'autre; la différence devient le numérateur de la fraction résultante, à laquelle on donne le dénomi-nateur commun.* Ainsi la différence entre 5 sep-

tièmes et 3 septièmes, est de 2 septièmes, tout aussi bien qu'entre 5 fr. et 3 fr. la différence est 2 fr. On a donc $\frac{5}{7} - \frac{3}{7} = \frac{2}{7}$; et $\frac{3}{7} - \frac{2}{11} = \frac{33}{77} - \frac{14}{77} = \frac{19}{77}$.

128. Lorsque les fractions accompagnent des entiers, on soustrait d'abord la fraction jointe au plus petit nombre de l'autre fraction, et l'on procède ensuite à la soustraction des entiers. Mais il peut arriver que la fraction à soustraire soit plus forte que l'autre; alors, après les avoir réduites toutes les deux au même dénominateur, on augmente par la pensée le numérateur de la plus faible d'autant d'unités qu'il y en a dans son dénominateur, et l'on ajoute 1 aux unités du second nombre entier. Par là on rend possible la soustraction des deux fractions, et l'on n'a fait qu'ajouter 1 aux deux quantités entières, ce qui ne change pas leur différence.

On trouvera donc que $13\ 1/2 - 7\ 1/3 = 13\frac{3}{6} - 7\frac{2}{6} = 6\frac{1}{6}$; et que $40\frac{1}{5} - 34\ 1/2 = 40\frac{2}{10} - 34\frac{5}{10} = 40\frac{12}{10} - 35\frac{5}{10} = 15\frac{7}{10}$.

De même, $14 - 4\ 1/2 = 14\frac{2}{2} - 5\frac{1}{2} = 9\frac{1}{2}$.

On pourra s'exercer aux soustractions suivantes et à la solution des problèmes de CX à CXIV:

$$\frac{9}{11} - \frac{3}{8}; \quad \frac{45}{56} - \frac{8}{17}; \quad 19\frac{1}{7} - 8\frac{4}{5}; \quad 149\frac{5}{21} - 34\frac{9}{10}.$$

129. *Multiplication des fractions.* Le procédé pour multiplier deux fractions ordinaires l'une par l'autre, consiste à *multiplier les numérateurs entre eux et puis les dénominateurs entre eux.* Ainsi $\frac{3}{4} \times \frac{5}{7} = \frac{15}{28}$. En effet, puisqu'il faut, dans toute multiplication, répéter le multiplicande autant de fois que l'indique le multiplicateur, multiplier un nombre par $\frac{5}{7}$, c'est en répéter 5 fois la septième partie. On obtient la septième partie de $\frac{3}{4}$ en multipliant son dénominateur par 7, et on la répète 5 fois en multipliant le numérateur par 5. Ce raisonnement peut s'appliquer à toute autre fraction.

130. Si des entiers sont joints aux fractions, on réduit d'abord les entiers en nombres fractionnaires par le procédé indiqué au n° 122, en ayant soin de leur donner le même dénominateur que celui de la fraction qui les accompagne ; on additionne ensuite chacun de ces nombres fractionnaires avec sa fraction, et l'on multiplie les deux résultats comme dans le cas précédent. Ainsi $4\frac{3}{5} \times 6\frac{1}{3} = \left(\frac{20}{5} + \frac{3}{5} \right) \times \left(\frac{18}{3} + \frac{1}{3} \right) = \frac{23}{5} \times \frac{19}{3} = \frac{437}{15} = 29\frac{2}{15}$.

131. Si l'un des deux facteurs est une fraction et l'autre un nombre entier, il suffit évidemment de multiplier le numérateur de la fraction par l'entier, et de donner au produit le dénominateur même de la fraction. Car il est indifférent que la fraction serve

de multiplicande ou de multiplicateur (72), et, opérant seulement sur le numérateur, on répète la fraction autant de fois que l'indique l'entier. Par conséquent, $5 \times \dfrac{7}{8} = \dfrac{7}{8} \times 5 = \dfrac{35}{8} = 4\,\dfrac{3}{8}$.

132. Lorsque le multiplicateur seul est accompagné d'une fraction, on peut multiplier les entiers en faisant abstraction de la fraction ; puis on a soin de prendre, pour être ajoutée au produit, une partie du multiplicande indiquée par la fraction. Ainsi, pour multiplier 48 par $7\,\dfrac{3}{4}$, on multiplie d'abord 48 par 7 ; et au produit on ajoute 3 fois le quart de 48 ; l'opération se dispose ainsi :

$$
\begin{array}{r}
48 \\
7\ \ 3/4 \\
\hline
336 \\
12 \\
12 \\
12 \\
\hline
372
\end{array}
$$

Les multiplications suivantes et les problèmes de CXV à CXIX serviront d'exercices :

$$\frac{8}{13} \times \frac{3}{10}\,; \qquad 24\,\frac{3}{7} \times 5\,\frac{6}{15} \qquad 345 \times 213\,\frac{7}{9}$$

$$\frac{79}{105} \times \frac{45}{62} \qquad 4985 \times \frac{47}{50} \qquad 604\,\frac{25}{27} \times \frac{48}{71}$$

133. Si l'on a plusieurs fractions à multiplier les unes par les autres, on multiplie d'abord la première par la seconde : le produit obtenu se multiplie par la troisième, et ainsi de suite. Mais il faut remarquer que, toutes les fois que le multiplicateur est une fraction, le produit n'est nécessairement qu'une partie du multiplicande, et que dès-lors, en multipliant des fractions les unes par les autres, on n'obtient que des *fractions de fractions*.

Ainsi, multiplier entre elles les quatre fractions $\frac{7}{8} \times \frac{2}{3} \times \frac{4}{5} \times \frac{1}{9}$, c'est obtenir la neuvième partie des quatre cinquièmes des deux tiers de sept huitièmes. Le produit sera exprimé par $\frac{7 \times 2 \times 4 \times 1}{8 \times 3 \times 5 \times 9} = \frac{56}{1080} = \frac{7}{135}$.

---

134. *Division des fractions.* La division d'une fraction ordinaire par une autre fraction ordinaire s'opère *en multipliant la fraction dividende par la fraction diviseur* RENVERSÉE. $\frac{5}{7} : \frac{3}{4} = \frac{5}{7} \times \frac{4}{3} = \frac{20}{21}$.

En effet, le diviseur étant 3/4, le dividende est lui-même égal aux 3/4 du quotient, ou à trois fois la quatrième partie du quotient : donc, en multipliant le dénominateur du dividende par 3, on obtient 1/4 du quotient, et en multipliant ce résultat, c'est-à-dire son numérateur par 4, on obtient le quotient tout entier. Il est facile de reconnaître qu'on ne fait alors que multiplier la fraction divi-

C

dende par la fraction diviseur *renversée ;* ainsi :

$$\frac{7}{11} : \frac{4}{9} = \frac{7}{11} \times \frac{9}{4} = \frac{63}{44} = 1 + \frac{19}{44}.$$

135. Pour diviser l'un par l'autre deux nombres entiers accompagnés de fractions ordinaires, il faut réduire les entiers en nombres fractionnaires, comme dans la multiplication ; on divise ensuite les deux résultats comme il vient d'être dit.

136. Nous ferons observer que, lorsque le dividende est une fraction ordinaire et le diviseur un nombre entier, il suffit de multiplier le dénominateur de la fraction par l'entier, ou bien de diviser le numérateur, si l'opération peut se faire sans reste ; car nous avons expliqué que, dans l'un et l'autre cas, on ne fait que diviser la valeur de la fraction. Mais lorsque le dividende est un nombre entier et le diviseur une fraction, il faut, d'après le raisonnement que nous avons établi au n° 133, renverser la fraction diviseur, et multiplier ensuite le dividende par cette fraction ; c'est-à-dire qu'on multiplie l'entier par le numérateur de la fraction renversée, et qu'on divise le résultat par le dénominateur, s'il y a lieu, pour extraire les entiers. Ainsi, $450 : \frac{3}{5} = \frac{450 \times 5}{3} = \frac{2250}{3} = 750$. Mais $\frac{3}{5} : 450 = \frac{3}{2250} = \frac{1}{750}$.

Il faut remarquer que le quotient, qui indique combien de fois le diviseur est contenu dans le dividende, peut très bien être un nombre entier, lors même que la division ne s'effectue que sur des fractions.

On s'exercera à faire les divisions suivantes, puis on résoudra les problèmes de CXX à CXXIV.

$$\frac{4}{9} : \frac{5}{6} \qquad 14\frac{3}{5} : 5\frac{1}{2} \qquad 648 : \frac{7}{11}$$

$$\frac{17}{28} : \frac{45}{37} \qquad 42 : 9\frac{3}{4} \qquad \frac{65}{97} : 54$$

137. Les opérations effectuées sur des fractions ordinaires se vérifient comme celles des nombres entiers et par les mêmes procédés. Il arrive seulement que le résultat ne se présente pas toujours sous la même forme que le nombre auquel il doit être égal, puisque les fractions, sans changer de valeur, peuvent se reproduire de bien des manières différentes ; mais il sera facile de les ramener à des expressions *identiques* ou exprimées par les mêmes chiffres, en opérant les réductions dont elles seront susceptibles.

RÉCAPITULATION ET PRINCIPES.

I. *On ne peut additionner ou soustraire que des fractions du même dénominateur.*

II. *Le produit d'une fraction par une fraction n'est qu'une partie de la fraction multiplicande, ou une fraction de fraction.*

III. *Le quotient d'une fraction divisée par une autre fraction peut être un nombre entier.*

IV. *Par conséquent, multiplier une quantité par une autre n'est pas toujours la rendre plus forte ; et diviser une quantité par une autre n'est pas toujours la rendre plus faible.*

V. *Tout nombre entier peut être considéré comme un nombre fractionnaire, auquel l'unité sert de dénominateur.*

PROBLÈMES.

CV. D'une somme placée à la caisse d'épargnes, on a retiré d'abord les 3/5, puis 1/6, et plus tard 1/5 : quelle partie a-t-on retirée en tout?

CVI. Une personne a vendu de sa propriété d'abord $\frac{1}{4}$, puis $\frac{2}{7}$, et elle a besoin d'en vendre encore $\frac{1}{5}$: quelle partie de la propriété lui restera-t-il ?

CVII. Un ouvrier avait entrepris un travail que seul il aurait pu terminer dans un mois ou 30 jours ; mais il s'adjoint un autre ouvrier plus habile et qui seul n'aurait mis que 25 jours pour faire tout le travail : quelle partie en feront-ils ensemble dans 1 jour ?

CVIII. Une personne a travaillé la première semaine 5 jours 3/4; la seconde semaine, 3 jours 1/2; la troisième, 6 jours 1/3; la quatrième, 4 jours 5/6 : combien de journées cette personne a-t-elle faites pendant ces quatre semaines ?

CIX. Cinq héritiers se partagent une succession : le premier doit en avoir 1/4; le second, 1/5; le troisième, 1/6; le quatrième, 1/7; et le cinquième, 1/8; le reste est donné aux pauvres : quelle portion de tout l'héritage reçoivent les cinq héritiers ?

CX. Et, dans le cas du problème précédent, quelle est la fraction dévolue aux pauvres ?

CXI. Un ouvrier a fait pour sa part les $\dfrac{41}{90}$ d'un ouvrage : quelle portion en ont faite les autres ?

CXII. Un drap a 4/5 de largeur; un autre a 7/9; quel est le plus large ? et combien a-t-il de plus de largeur que l'autre ?

CXIII. Pour aller de Toulouse à Londres, un voyageur met ordinairement 28 jours 3/4; il a déjà marché 15 jours 1/2 : combien de temps doit-il marcher encore?

CXIV. Une fontaine remplirait un bassin en 9 h.; mais il existe une ouverture par laquelle le bassin, une fois plein, peut se vider en 15 heures : si la fontaine et l'ouverture laissent couler l'eau en même temps, et que le bassin contienne 900 litres, quelle sera la quantité d'eau qui restera après 1 heure? et combien faudra-t-il de temps pour que le bassin s'emplisse ?

CXV. On hérite des 2/3 d'une part de succession, qui n'est elle-même que les 5/18 de la succession entière: quelle est, par rapport à tout l'héritage, la portion dont on hérite?

CXVI. Pour faire un habillement complet d'homme, il faut employer les $\dfrac{8}{27}$ d'une pièce de drap; mais, pour un habillement d'enfant, on n'emploie que les 3/5 de ce qu'il faut pour un homme : quelle portion de la pièce de drap emploie-t-on pour habiller un enfant ?

CXVII. Un père remet un sac d'argent à son fils aîné, qui en prend les $\dfrac{2}{5}$ et remet le reste à son frère cadet; celui-ci garde 1/3 de ce qu'il a trouvé dans le sac, et le fait passer à son troisième frère, qui lui-même s'approprie les $\frac{6}{7}$ de ce qui reste, et ne donne plus que 370 francs à sa sœur. On demande quelle somme contenait le sac, et combien de francs a gardés chacun des frères ?

CXVIII. Un marchand achète comptant et obtient une remise de trois centièmes : quelle sera la remise sur une facture de 3548 francs ?

CXIX. Un hectolitre de vin de l'Ermitage coûte 650 fr. 50 c.: quel sera le prix des 7/9 d'hectolitre?

CXX. Combien pourra-t-on faire de serviettes de 5/6 de mètre de longueur, avec une pièce de toile de 75 mètres?

CXXI. Et si la serviette revient à 3 fr. 75 c., combien coûte le mètre de cette toile ?

CXXII. Un voyageur a mis $\frac{2}{3}$ de jour à faire les $\frac{4}{19}$ de sa route : combien lui faudra-t-il de jours pour faire la route tout entière ?

CXXIII. Un pharmacien emploie 1/35 de gramme de substance vénéneuse pour la composition d'un médicament qu'il divise en 24 pilules : quelle fraction de cette substance doit contenir chaque pilule ?

CXXIV. Une marchande de modes fait d'une pièce de ruban des coupons de 4/5 de mètre chacun; la pièce entière est de 143 mètres 75 c., et elle gagne 0 fr. 225 par coupon : combien gagnera-t-elle sur la pièce entière ?

TROISIÈME PARTIE.

Lorsqu'on aura bien compris les principes que nous avons exposés dans la première partie de cet ouvrage, et les règles de calcul que nous avons développées dans la seconde, on pourra résoudre facilement toutes les questions d'arithmétique qui se présentent sous la forme de problèmes. Toutefois, pour compléter notre travail, nous allons faire connaître l'origine et la formation du système métrique; et, après avoir donné la théorie de la solution des problèmes en général, nous expliquerons comment on doit résoudre toutes les questions particulières relatives aux règles d'intérêt, d'escompte, de société, des mélanges, etc.

Remarque. — Cette dernière partie n'est, à proprement parler, que l'application de ce qui a été développé dans tout ce qui précède. Elle suppose nonseulement l'intelligence des principes, mais encore la pratique des règles et l'habitude du calcul. Ce serait donc sans succès possibles qu'on ferait étudier ce qui suit aux élèves, même des divisions les plus avancées, si auparavant ils n'avaient été longuement exercés à effectuer et à comprendre toutes les opérations arithmétiques dont nous avons parlé, tant sur les nombres entiers que sur les fractions et sur les nombres complexes.

Cependant, l'exposition du système métrique, surtout dans ce que sa formation présente d'historique, peut être lu avec intérêt dès les commencements, et après avoir étudié les deux numérations.

CHAPITRE PREMIER.

Origine du système métrique.

138. Nous ne pensons pas qu'il soit utile de faire l'histoire des divers systèmes qui, jusqu'à la fin du siècle dernier, ont été successivement mis en usage en France pour les poids et les mesures. La multiplicité de ces systèmes, la nomenclature des dénominations adoptées pour les diverses unités et leurs divisions, les rapports si peu uniformes de ces divisions à leur unité ou de l'une à l'autre, les modifications locales consacrées par le temps: tout cela nécessiterait des détails qu'on lirait sans intérêt et qu'on étudierait sans utilité; car la loi du 4 juillet 1837 a interdit tous ces systèmes, toutes ces dénominations; et il a été recommandé aux instituteurs de n'enseigner à leurs élèves que l'emploi des unités du système métrique.

139. L'idée de n'avoir pour tout le royaume qu'un système unique de poids et de mesures avait déjà été conçue et en partie réalisée par Charlemagne et par plusieurs de ses successeurs, entre autres par Henri II et par Louis XV. Mais ce ne fut que dans les dernières années du règne de l'infortuné Louis XVI qu'on résolut de faire cesser cette multiplicité de mesures qui nuisait essentiellement aux transactions commerciales, et qui faisait naître trop souvent des contestations entre vendeurs et acheteurs.

Par décret de l'Assemblée constituante, en date du 8 mai 1790, il dut être pris des moyens pour que, dans le plus bref délai possible, il fût présenté à l'adoption du corps législatif le système d'unités le plus simple dans sa formation, le plus commode dans son application, et le plus avantageux pour toutes les nations qui voudraient le reconnaître.

Une commission fut formée : Borda, Monge, Condorcet, Lagrange, Laplace, membres de l'académie française et tous mathématiciens distingués, en firent partie. Plusieurs puissances étrangères s'y firent représenter par des délégués, et l'on mit près de dix ans à rechercher et à discuter le meilleur système.

La principale difficulté était de choisir une base inaltérable, facile à retrouver au besoin, et que toutes les nations pussent vérifier et admettre. Les uns proposèrent de prendre pour l'unité de longueur, qui devait servir ensuite à calculer les autres, une partie de la distance en ligne droite qui pourrait exister entre deux grandes villes ; d'autres, une partie de la distance à vol d'oiseau entre les sommets de deux principales montagnes; d'autres encore, une partie de la hauteur d'un monument remarquable; d'autres, et en grand nombre, la longueur du pendule qui, aux bords de la mer et au 45.ᵉ degré de latitude, indiquerait exactement dans chacun de ses mouvements la durée d'une *seconde*. Il fut même fait beaucoup d'expériences sur ce dernier projet. Mais tant de causes pouvaient changer les distances proposées ou faire varier la longueur du pendule, qu'on résolut de mesurer, aussi exactement qu'on le pourrait, la distance du pôle à l'équateur' (*), et de prendre la *dix-millionième* partie de cette distance pour l'unité de longueur.

140. Déjà plusieurs fois, et sur des points différents du globe, des savants avaient mesuré des parties plus ou moins longues du méridien terrestre, et ils étaient parvenus à déterminer avec assez d'exactitude la grandeur de ce cercle. De nouvelles expériences furent faites sur le méridien qui passe par l'observatoire de Paris. On mesura avec toute la précision possible la distance de Dunkerque, en France, à Barcelone, en Espagne; et, la grandeur de cet arc une fois connue, on calcula aisément la longueur du méridien tout entier (**). Combinant les résultats obtenus avec ceux que l'on connaissait déjà, on représenta, avec une règle en platine, la longueur exacte de la dix-millionième partie de la distance du pôle à l'équateur, ou du quart du méridien : on adopta cette distance pour l'unité de longueur, et on lui donna le nom de *mètre*.

141. A l'aide de cette unité, on forma toutes celles dont la grandeur dépend des dimensions données à leur base, de la manière que nous l'expliquerons

(*) On appelle *pôles* les deux points sur lesquels semble tourner la terre dans son mouvement journalier sur elle-même; et *équateur*, un cercle qu'on suppose tracé sur la surface de la terre à égale distance des deux pôles. Le *méridien* est un cercle semblable à l'équateur, mais passant par les deux pôles.

(**) On a trouvé que le méridien tout entier contient 20822960 toises de Paris, et que par conséquent la distance du pôle à l'équateur est de 5130740 toises.

au chapitre suivant, et l'on donna le nom de *système métrique* à l'ensemble des unités nouvelles.

Ce fut le 22 juin 1799 que la commission générale des poids et mesures, dont nous avons parlé plus haut, présenta le résultat de ses travaux au corps législatif, et le système métrique fut reconnu le seul légal à partir du 2 novembre 1801.

A cette occasion, de grandes réjouissances publiques eurent lieu, et les nouvelles mesures furent portées processionnellement dans toutes les rues de Paris. « Mais, dit M. Saigey, l'intérêt mercantile qui ne vit que de fraude, et l'esprit de routine qui n'admet aucun progrès, se soulevèrent bientôt contre cette réforme ; et, dix ans après, le système métrique, sans être changé au fond, revêtait les formes anciennes qu'il a conservées jusqu'au 1.er janvier 1840. »

La loi du 4 juillet 1837 a rétabli ce système dans toute sa simplicité ; il a été rendu obligatoire dans toute la France, et déjà plusieurs peuples voisins en ont adopté les principes.

CHAPITRE II.

Formation des unités métriques.

142. Une fois le mètre reconnu, on s'occupa de déterminer les dimensions et la forme des autres unités. Mais on convint tout d'abord :

1.º Que les divisions du mètre et celles des unités à former seraient toutes décimales, c'est-à-dire, de dix en dix fois plus petites les unes que les autres ;

2.º Qu'on calculerait la base des unités qui en seraient susceptibles sur le mètre et sur ses divisions ;

3.º Enfin, qu'on prendrait, autant qu'il serait possible, les *longueurs* des bases elles-mêmes de dix en dix fois plus petites.

143. Le mètre fut donc divisé en 10 parties égales, auxquelles on donna le nom de *décimètres* ; chaque décimètre fut divisé en 10 autres parties qu'on appela *centimètres* ; et chaque centimètre, en 10 *millimètres*. On peut, dans le calcul, continuer ces subdivisions ; mais, en pratique, les parties plus petites qu'un millimètre ne sauraient être appréciées à cause de leur peu de valeur.

Le mètre lui-même n'étant pas très grand, on reconnut qu'on aurait souvent besoin de se servir de ses multiples pour mesurer certaines distances ; l'on donna, pour cette raison, des noms particuliers aux collections de 10, de 100, de 1000 et de 10000 mètres, qu'on appela *décamètres, hectomètres, kilomètres* et *myriamètres*. Nous avons déjà fait connaître ces dénominations au chapitre V de la première partie, n.° 41.

144. Dans tous les systèmes et dans tous les pays, on ne peut compter que neuf unités principales, auxquelles toutes les autres doivent se rapporter (31); ce sont les unités de *longueur*, de *superficie*, de *solidité*, de *capacité*, de *poids*, de *monnaie*, de *temps*, *d'angle* et de *collection d'individus*. Or, de ces neuf unités, les six premières seulement ont pu être basées sur le mètre, et encore l'unité de monnaie n'en dépend-elle qu'indirectement.

145. On a adopté, pour mesurer les longueurs, le mètre lui-même; pour mesurer les surfaces, un carré de dix mètres de côté; pour les solides, un cube d'un mètre de longueur dans sa base; pour la capacité, un vase cubique n'ayant qu'un décimètre dans chacune de ses dimensions intérieures; pour le poids, ce que peut peser un centimètre cube d'eau distillée et à la température de 4 degrés centigrades au-dessus de 0; pour la monnaie, une quantité d'argent pesant 5 fois l'unité de poids et ne contenant qu'un dixième d'alliage ou de parties qui ne soient pas d'argent; pour le temps, on a été obligé de conserver l'année, et pour les angles, le degré. Les collections d'individus ne peuvent avoir d'unité commune.

146. Le *mètre* étant l'unité de longueur, on a donné le nom d'*are* à l'unité de superficie; de *stère*, à celle de solidité; de *litre*, à celle de capacité; de

gramme, à celle de poids ; de *franc*, à celle de monnaie ; les autres ont conservé les noms qu'elles avaient dans l'ancien système.

147. En principe, l'are, le stère, le litre, le gramme et le franc se divisent, comme le mètre, en parties de dix en dix fois plus petites, désignées aussi par les mots *déci*, *centi*, *milli*, qu'on fait suivre du nom de l'unité ; et les décuples de ces mêmes unités sont énoncés à l'aide des mots *déca*, *hecto*, *kilo* et *myria*, qui indiquent respectivement 10 fois, 100 fois, 1000 fois et 10000 fois l'unité dont ils précèdent le nom. Mais toutes les unités n'ont pas toutes ces divisions.

(*Voir ce qui a déjà été dit à ce sujet, n.° 32 et suivants, ainsi que le tableau synoptique des unités nouvelles.*)

Nous avons déjà fait connaître les divisions de l'année et du degré, qui ne sont et qui n'ont pu être ni décimales ni métriques.

148. Il est facile de reconnaître, d'après tout ce que nous venons de dire, que les bases de l'are, du stère, du litre et du gramme ont en longueur 10 mètres, 1 mètre, 0,1 de mètre et 0,01 de mètre.

C'est pour conserver ces rapports décimaux qu'on a pris une si petite quantité pour l'unité de poids.

149. Pour compléter cet exposé du système métrique, nous ferons connaître l'emploi qu'on fait aujourd'hui de chacune de ces unités, conformément aux prescriptions de la loi du 4 juillet 1837,

CHAPITRE III.

Emploi des unités métriques.

150. *Emploi du mètre.* Lorsqu'on ne veut mesurer qu'une petite longueur, comme celle d'une planche, ou d'une poutre, ou d'un mur, etc., on se sert du mètre et de ses divisions. Mais pour les grandes distances, comme celle d'une ville à une autre, d'un astre à un autre, on se sert du myriamètre, auquel le kilomètre, l'hectomètre et le décamètre servent de sous-multiples. Ainsi, on dira qu'une maison a 12 mètres 50 centimètres de long; mais on devra dire que, de Paris à Toulouse, il y a 669 myriamètres 7 kilomètres.

Le mètre sert encore à mesurer les étoffes, les hauteurs et les profondeurs. On dit qu'une pièce de drap ou de toile a 37^m 65 de longueur; que le clocher de Strasbourg a 345 mètres de hauteur; que la Méditerranée, dans sa plus grande profondeur, n'a pas plus de 2500 mètres.

Enfin, on donne ordinairement le nom de *mesures itinéraires* aux multiples du mètre lorsqu'ils servent à faire connaître la distance d'une ville à une autre.

151. *Emploi de l'are.* On ne se sert du décamètre carré ou de l'are que pour la mesure des terres; dans tous les autres cas, l'usage et la loi permettent d'employer le *mètre carré.* Ainsi, on dira qu'une propriété a 58 ares de superficie, et qu'un plancher a 117 mètres carrés.

De tous les multiples de l'are, l'*hectare* seul est usité ; et, de tous les sous-multiples, le *centiare* ; parce qu'il n'y a que ces surfaces qui puissent être représentées par des carrés ayant dans chaque côté un nombre exact de mètres.

Qu'on trace un carré, et qu'on divise chaque côté en 10 parties égales, en traçant par ces points de division des lignes parallèles à la base et d'autres parallèles à l'un des côtés adjacents à cette base , on reconnaîtra facilement, si l'on rapporte cette figure à l'are :

1.º Que le mètre carré n'est que la centième partie de l'are, comme l'are lui-même n'est que la centième partie de l'hectare ;

2.º Que l'hectare contient 10000 mètres carrés, et que l'are n'en contient que 100 ;

3.º Que l'hectare peut être regardé comme un carré ayant 100 mètres de côté ; l'are, comme un carré ayant 10 mètres de côté ; et le centiare, comme 1 mètre carré.

152. Il est important de ne pas confondre un *décimètre carré* et un *dixième de mètre carré*. Le décimètre carré est un carré qui a $0^{m}\,1^{d}$ de longueur dans chacun de ses côtés, et qui n'est par conséquent que la *centième* partie du mètre carré, tandis que le dixième de mètre carré est la dixième partie d'un carré dont chacun des côtés a 1 mètre de longueur, et équivaut en surface à 10 décimètres carrés.

Aussi, lorsqu'un nombre exprime des mètres carrés, et qu'il s'agit de la surface d'un terrain, puisque ceux-ci ne sont que des centièmes parties de l'are ou des centiares, les deux premiers chiffres à droite expriment des centiares ; les deux suivants en allant de droite à gauche, expriment des ares, et tous les autres, des hectares.

Ainsi, 4570270 mètres carrés valent 457 hectares 2 ares 70 centiares.

153. Pour mesurer les petites surfaces et reconnaître combien elles peuvent contenir de mètres carrés, lorsque leur longueur est égale à leur largeur, il suffit de multiplier le nombre de mètres qu'il y a dans la longueur de la surface par le nombre de mètres qu'il y a dans la largeur; le produit exprime le nombre de mètres carrés que contient la surface. Ainsi, un mur qui aurait 24 mètres de long sur 3 mètres de haut, aurait 24×3 ou 92 mètres carrés de surface, et formant des angles de 90°.

On suit le même procédé pour trouver le nombre d'ares que contient une terre, lorsqu'elle a quatre côtés à peu près parallèles deux à deux, comme ceux d'une chambre.

154. *Emploi du stère.* Le bois de chauffage est à peu près la seule chose qui se mesure au stère ; on compare plus généralement les solides au *mètre cube*, c'est-à-dire qu'on calcule combien on pourrait faire, avec le solide qu'on veut mesurer, de cubes ayant 1 mètre de long, 1 mètre de large et 1 mètre de haut. C'est ainsi qu'on évalue la plupart des travaux de maçonnerie et de terrassement, le sable et les pierres à bâtir, les bois de construction, les déblais et remblais dans le tracé des routes, etc.

Mais il faut savoir :

Que l'usage n'a admis que le décastère parmi les

multiples de cette unité, et que le décistère parmi ses sous-multiples;

Qu'entre un décastère et dix mètres cubes il y a une très grande différence, puisque le décastère est égal à 10 fois le stère, et que dix mètres cubes, ou un cube qui a 10 mètres dans chaque côté, valent 1000 stères;

Qu'il y a également une grande différence entre un *décistère* et un *décimètre cube*, car l'un est la dixième partie du stère, tandis que l'autre n'en est que la millième partie, etc.

Aussi, lorsqu'un nombre exprime des mètres cubes puisque chacun de ces mètres équivaut à 1000 décimètres cubes, il faut, dans un nombre fractionnaire décimal, trois chiffres après la virgule pour exprimer des décimètres cubes; il en faut six pour exprimer des centimètres cubes, et ainsi de suite. Si le nombre des décimales après la virgule n'était pas de 3, ou de 6, ou de 9, etc., on ajouterait un nombre suffisant de 0.

Ainsi, dans le nombre 453 $^{m.}$ 15 $^{c.}$, il y a 453 mètres cubes 150 décimètres cubes; ou bien 153 stères, et 15 centistères, ou centièmes de stères.

155. Pour connaître le nombre de mètres cubes que contient un solide de forme cubique, il faut multiplier le nombre de mètres qui se trouvent dans la longueur du solide par le nombre de mètres qu'il y a dans la largeur, et ce produit par ceux que renferme la hauteur. Telle est la règle générale; mais il n'appartient qu'à la géométrie d'enseigner comment on doit procéder dans tous les cas.

156. *Emploi du litre.* Cette unité sert à mesurer

tout ce qui est liquide ou grain, c'est-à-dire toutes les matières qui ont besoin d'être contenues dans un vase, comme le vin, l'huile, le blé, les haricots, etc.

L'hectolitre est employé pour les ventes en gros, et le litre pour les ventes en détail. Le kilolitre serait une mesure trop grande ; et les divisions du litre, surtout le centilitre, ne servent que pour certains liquides, en pharmacie.

Les mesures dont on fait usage dans le commerce n'ont pas la forme d'un cube; elles sont cylindriques, et par conséquent plus commodes et moins sujettes à se déformer.

Voici, du reste, la nomenclature des mesures de capacité adoptées par l'usage et autorisées par la loi :

L'*hectolitre*, qui vaut 100 litres ;

Le *double-décalitre*, qui vaut 20 litres ;

Le *décalitre*, qui vaut 10 litres ;

Le *demi-décalitre*, qui vaut 5 litres ;

Le *double-litre*, qui vaut 2 litres ;

Le *litre* ;

Le *double-décilitre*, qui vaut 1/5 de litre ;

Le *décilitre*, qui vaut 1/10 de litre ;

Le *demi-décilitre*, qui vaut 1/20 de litre.

157. *Emploi du gramme.* Beaucoup de choses se vendent ou s'achètent au poids : c'est le moyen le plus sûr de connaître la quantité de la marchandise. Mais le gramme, ou un centimètre cube d'eau, est une quantité si petite, que dans la pratique on a dû adopter pour unité l'un de ses multiples, le kilogramme.

Le myriagramme n'est guère usité ; 100 kilogrammes servent dans les grosses pesées ; le gramme et ses divisions ne sont employés que pour les objets d'un certain prix et pour évaluer les différentes parties qui entrent dans les compositions chimiques.

Le *tonneau de mer* égale 1000 kilogrammes ; le *quintal métrique* n'en vaut que 100.

La loi autorise, pour les poids comme pour les mesures de capacité, qu'il soit fait usage du double et de la moitié de chacune des mesures décimales de ces unités, afin de donner à la vente des divers objets toute la facilité qu'on peut désirer.

Il y a donc, dans le commerce, des poids de 1 kilogramme, ou 1000 grammes ;

De 5 hectogrammes, ou 500 grammes ;
De 2 hectogrammes, ou 200 grammes ;
De 1 hectogramme, ou 100 grammes ;
De 5 décagrammes, ou 50 grammes ;
De 2 décagrammes, ou 20 grammes ;
De 1 décagramme, ou 10 grammes ;
De 1/2 décagramme, ou 5 grammes ;
De 1 gramme et de ses subdivisions.

Tous ces poids sont ordinairement en cuivre. Il s'en fait aussi en fonte, pour les grosses pesées, et qui sont de 1, de 2, de 5, de 10, de 20 ou de 50 kilogrammes.

158. *Emploi du franc.* Les peuples civilisés ont de tout temps reconnu la nécessité d'admettre une matière dont la valeur fût légalement reconnue, et qu'on pût toujours donner en échange d'autres objets, ou en paiement d'un travail fait. L'or, l'argent et le cuivre ont été généralement choisis pour cela. La quantité de ces métaux, prise pour unité, n'a pas toujours été la même. Aujourd'hui, en France, la loi fixe l'unité de monnaie à 5 grammes d'argent,

dont 0,9 sont d'argent pur et 0,1 d'alliage ᴏ d'autre métal, et elle lui donne le nom de *franc*.

L'usage n'a point admis de dénominations particulières pour les multiples de cette unité ; quant aux sous-multiples, au lieu de dire décifranc, centifranc et millifranc, on dit *décime, centime* et *millime*.

159. Il faut remarquer que toutes les pièces de monnaie, de quelque métal qu'elles soient, sont plates et arrondies, représentant d'un côté l'effigie du souverain régnant, ou l'emblème du gouvernement, et de l'autre côté portant l'indication de sa valeur et le millésime.

160. Les pièces d'or sont au nombre de quatre, savoir :

La pièce de 100 fr. pesant 32 gr. 2580, et ayant 38 millimètres de diamètre ;

Celle de 40 fr. pesant 12 gr. 9032, et ayant 26 millimètres de diamètre ;

Celle de 20 fr. pesant 6 gr. 4516, et ayant 21 millimètres de diamètre ;

Celle de 10 fr. pesant 3 gr. 2258, et ayant 12 millimètres de diamètre.

Il y a peu encore de pièces de 100 fr. et de 10 fr. en circulation.

Il existe six pièces d'argent, savoir :

Celle de 5 fr. pesant 25 grammes, et ayant 37 millimètres de diamètre ;

Celle de 2 fr. pesant 10 grammes, et ayant 27 millimètres de diamètre ;

Celle de 1 fr. pesant 5 grammes, et ayant 23 millimètres de diamètre ;

Celle de 1/2 fr. pesant 2 gr. 5, et ayant 15 millimètres de diamètre ;

Celle de 1/4 fr. pesant 1 gr. 25, et ayant 15 millimètres de diamètre;

Celle de 1/5 fr. pesant 1 gr., et ayant aussi 15 millimètres de diamètre.

Les pièces de bronze ou de cuivre, uniformes quant à leur valeur de convention, ne le sont pas encore quant à leur poids et à leurs dimensions;

On en reconnaît théoriquement quatre; savoir :

Celle de 10 centimes ou 2 sous;

Celle de 5 centimes ou 1 sou ;

Celle de 2 centimes ;

Et celle de 1 centime.

Il en existe beaucoup des deux premières espèces, peu de la quatrième, et aucune encore de la troisième; mais les anciennes pièces de 2 centimes 1/2 sont encore en circulation, et tolérées jusqu'à ce qu'on ait pu les ramener toutes à l'uniformité qu'ont déjà les pièces d'or et d'argent.

161. Quant à l'emploi des unités non métriques, on peut revoir ce qui a été dit au chapitre V de la première partie, n° 38 et suivants.

CHAPITRE IV.

Rapports des unités métriques entre elles.

162. Toutes les unités qui appartiennent au nouveau système métrique, parce qu'elles dérivent d'une base commune, ont nécessairement entre elles des rapports de grandeur et de valeur qu'il est très utile de connaître, et que nous indiquerons sommairement, afin de ne pas donner trop d'étendue à cette partie de notre ouvrage. Un maître intelligent saura suppléer à ce que nous sommes forcé d'abréger.

163. L'hectare a 100 mètres de long et autant de large ;

L'are, 10 mètres de long et autant de large ;

Le centiare, 1 mètre seulement dans ses deux dimensions.

Un myriamètre carré vaut 1000 hectares ;

Un kilomètre carré vaut 100 hectares ;

Un hectomètre carré ne vaut que 1 hectare.

Un mètre carré est la base en surface du stère ; un décimètre carré, celle du litre ; et un centimètre carré, celle du gramme.

Le mètre cube équivaut à 10 hectolitres ; et, s'il s'agit d'eau froide et pure, ce mètre cube pèsera 1000 kilogrammes. Donc, 1 litre d'eau doit peser 1 kilogramme.

Un double hectolitre est égal à 200 décimètres cubes ; un demi-hectolitre, à 50 décimètres cubes ;

un double décalitre, à 20 décimètres cubes ; un décalitre, à 10 décimètres cubes, et enfin un demi-
décalitre, à 5 décimètres cubes.

Il est facile, dès-lors, d'évaluer en décimètres cubes ou centimètres cubes, la valeur du double litre,
celle du litre, du demi-litre, et ainsi de suite jusqu'au centilitre.

Puisqu'un litre d'eau distillée, pure et froide,
pèse 1 kilogramme, on pourra facilement déterminer le poids de tous les multiples et doubles multiples
du litre, comme de tous les sous-multiples et demi-
sous-multiples.

Les pièces d'or et d'argent, ayant des poids et des
diamètres bien déterminés, peuvent servir à retrouver le mètre ou le gramme. Ainsi, 20 pièces d'argent
de 2 fr., et 20 de 1 fr., placées sur la même ligne,
forment une longueur de 1 mètre, et doivent peser
300 grammes.

100 fr. argent pèsent 500 grammes ; 200 fr., 1
kilogramme ; 1000 fr., 5 kilogrammes, et ainsi de
suite.

Enfin, à poids égal, l'or vaut 15 fois et demi plus
que l'argent, qui lui-même vaut 40 fois plus que le
cuivre. Ainsi le kilogramme d'or pur vaut 3444
f. 44 c. ; et le kilogramme d'argent pur, 222 f. 22 c.
Mais, mêlés d'alliage au titre légal, le kilogramme
d'or ne vaut que 3100 ; et l'argent, 200 fr.

164. Les problèmes suivants peuvent servir d'exercice sur tout le système métrique :

PROBLÈMES.

CXXVI. Si l'on revend 2 fr. 50 c. le centimètre

d'une étoffe de soie qu'on avait achetée 21 fr. 75 c. le décimètre, combien gagnera-t-on sur une pièce de 17ᵐ 25?

CXXVII. Si 1 hectolitre de vin a coûté 43 fr. 15 c., combien faut-il vendre le litre pour avoir 12 fr. de bénéfice ?

CXXVIII. A 31 fr. l'are, que doit-on payer pour l'acquisition d'un domaine de 215 hect. 9 ares 67 centiares ?

CXXIX. Un voyageur a mis trois quarts d'heure pour parcourir 3 kilomètres 210 mètres: combien lui faudra-t-il de temps pour faire un trajet de 669 myriamètres ?

CXXX. Si ce voyageur marche 13 heures par jour, qu'il parcoure 1 hectomètre par 10 minutes et qu'il reçoive 15 centimes par hectomètre, combien lui sera-t-il dû pour 10 jours de marche?

CXXXI. On sait que la surface de la terre est de 509320 kilomètres carrés : combien dans ce nombre y a-t-il d'hectares, d'ares et de centiares ?

CXXXII. Si les 2/3 de cette surface sont occupés par les mers, 1/6 inhabité, et 2/7 incultes, combien y a-t-il d'hectares, d'ares et de centiares qui soient cultivés ?

CXXXIII. Un menuisier a fait 38 mètres carrés 1/2 de plancher , au prix convenu de 3 fr. 75 c. le mètre carré; mais parce qu'on le paie comptant il fait une remise de 2 centimes par franc: combien doit-on lui payer?

CXXXIV. A combien revient le centimètre carré lorsque 17 mètres carrés ont coûté 100 fr.?

CXXXV. Que coûte l'are d'un terrain, si 7 hectares ont été payés 20500 fr.?

CXXXVI. Dans un hospice on brûle tous les jours 7 décistères de bois, au prix de 23 fr. 15 c. le stère : combien au bout de l'année aura-t-on brûlé de bois ? et quelle somme aura-t-on dépensée ?

7

CXXXVII. Un ouvrier a creusé en 8 jours un fossé de 45 mètres cubes 165 décimètres cubes: combien mettra-t-il de temps pour en faire encore 158 mètres cubes ?

CXXXVIII. Un vase de forme cubique a 1^m 50 de longueur dans sa base : combien contiendra-t-il de litres ?

CXXXIX. Et si ce vase est rempli d'eau froide, quel sera son poids ?

CXL. Une caisse a 1^m 25 de long sur 0^m 75 de large et 0^m 30 de profondeur : combien contiendra-t-elle d'hectolitres, de décalitres et de litres ?

CXLI. Combien coûteront 46 hectolitres de blé, à 3 fr. 80 c. le double-décalitre ?

CXLII. Un pharmacien vend 0 fr. 25 c. le centigramme d'un produit chimique dont il n'a payé que 70 fr. 90 c. le décagramme; combien gagnera-t-il s'il en vend 17 kilogrammes 5 hectogrammes dans un an ?

CXLIII. Pour faire un paiement, on donne 3 sacs d'argent pesant 1 kilogramme 500 grammes chacun, plus une somme de 358 fr. 50 c. : combien a-t-on donné en tout ?

CXLIV. Si la somme de 1345728615 fr. était comptée en pièces de 5 fr., quelle longueur formeraient ces pièces placées sur la même ligne ? Quelle partie du méridien pourraient-elles représenter ainsi ?

CXLV. Quel serait le poids de cette même somme ? et combien faudrait-il de voitures pour la transporter, en supposant qu'on pût mettre 36 quintaux métriques sur chaque voiture ?

CXLVI. Puisque l'argent monnayé contient 0,9 de son poids d'argent pur et 0,1 d'alliage, combien faut-il ajouter d'alliage à 81 kilog. 450 gram. d'argent pur pour lui donner le itre légal ?

CXLVII. Combien, avec cet argent, fera-t-on de pièces de 5 fr. ?

CXLVIII. Combien doit peser une somme de 100,000 fr. en or ?

CXLIX. Un navire revenant de la Californie apporte 783 kilog. 75 gram. d'or pur. Combien avec cet or peut-on faire de pièces de 40 francs ?

CL. Quel poids faut-il d'argent pur pour représenter la valeur de cet or californien ?

CHAPITRE V.

Des problèmes en général, et de la manière de les résoudre.

165. Nous avons déjà fait connaître, au commencement de la deuxième partie, n.° 46, qu'en mathématiques on entend par *problème* une question à résoudre. Nous avons dit aussi que, pour résoudre arithmétiquement une question, il faut effectuer sur des nombres donnés certaines opérations nécessaires pour qu'on arrive à déterminer un nombre inconnu, qui réponde à la question proposée.

Or, on distingue plusieurs sortes de problèmes :

1.° Les problèmes *déterminés ;*

2.° Les problèmes *indéterminés ;*

3.° Les problèmes *absurdes* ou *impossibles.*

166. Les problèmes déterminés sont ceux qui n'ont qu'une solution. Telle est cette question : Combien coûtent 10 mètres de drap à 24 francs le mètre? Il est évident que, par une simple multiplication, on trouve que ces 10 mètres doivent coûter 240 francs, rien de plus, rien de moins.

167. Les problèmes indéterminés sont ceux qui peuvent être résolus de différentes manières. Si l'on demande, par exemple, comment on peut former une somme de 1,000 fr. avec des pièces de 5 fr. et des pièces de 2 fr., il est facile de reconnaître que cette somme peut être formée, soit par 50 pièces de 5 fr. et 375 de 2 fr. ; soit par 80 pièces de 5 fr. et

300 de 2 fr. ; soit par 100 pièces de 5 fr. et 250 de
2 fr., etc., etc.

168. Les problèmes absurdes sont ceux qui ne
sauraient avoir aucune solution. Si un robinet ne
donne que 548 litres d'eau dans une heure, et qu'on
demande combien de temps il faudra pour qu'il
remplisse un bassin contenant 4260 litres, mais
ayant au fond une ouverture qui laisse échapper
650 litres d'eau par heure, une pareille question est
évidemment absurde, puisqu'il s'échappe du bassin
plus d'eau que le robinet ne peut en fournir.

169. Les problèmes impossibles sont ceux qui ne
renferment pas assez de données pour qu'on puisse,
par le calcul, établir le nombre inconnu. Il est impossible, par exemple, de déterminer le prix de 15
hectolitres de vin, si l'on ne dit pas en même temps
quel est le prix d'un hectolitre, ou qu'on ne fasse
pas connaître un premier marché sur lequel on
puisse se baser.

Nous n'avons pas à nous occuper des problèmes
absurdes ou impossibles, et nous ne les mention-
nons qu'afin qu'on sache reconnaître, quand on a
une question à résoudre, si elle est de celles qui
doivent avoir une solution. Nous ne traiterons pas
non plus des problèmes indéterminés, qui ne sont
pas d'une grande utilité dans la pratique. Mais nous
allons expliquer la marche à suivre pour arriver à la
solution des problèmes déterminés, quelque com-
pliqués qu'ils soient.

170. Il faut savoir qu'on entend par les *données*
d'un problème, les quantités connues sur lesquelles
on s'appuie pour obtenir le nombre inconnu.

Deux données au moins sont nécessaires pour qu'un problème puisse avoir une solution.

Dans le cas où le nombre des données ne dépasse pas deux, il suffit de se rappeler les définitions que nous avons adoptées pour chacune des quatre opérations fondamentales de l'arithmétique, afin de savoir quelle est celle qu'il faut employer pour résoudre le problème ; car alors une seule opération mène au résultat.

Telles sont les questions suivantes :

1.º Quels doivent être les revenus d'une famille qui, sans toucher au capital, dépense 17 fr. 25 c. par jour ? Des deux données que renferme cette question, l'une est exprimée, ce sont les 17 fr. 25 c. de dépense par jour ; l'autre est sous-entendue, ce sont les 365 jours que renferme l'année ; car les revenus se calculent toujours pour cette période de temps. Pour connaître les revenus de cette famille, il faut évidemment répéter 365 fois la dépense d'un jour, ou multiplier 17 fr. 25 c. par 365. Or, $17,25 \times 365 =$ 6296 fr. 25 c.

2.º Pour 640 francs on a 25 mètres de drap ; quel est le prix d'un mètre ? Dans ce problème, les deux données sont exprimées, et l'on voit facilement que le prix d'un mètre doit être la 25.ᵉ partie de 640 fr. ou 640 divisé par 25. Or, $\dfrac{640}{25} = 25,60.$

3.º Sur 4520 fr. de dettes, on a déjà payé 3582 fr. 75 c. ; pour savoir ce qu'on redoit, il faut faire une soustraction ; car on ne peut redevoir que la différence entre ces deux sommes : $4520 - 3582,75 =$ 937,25.

Tous les problèmes à deux données se résoudront

de même. Nous devons cependant faire observer que, lorsque la question doit être résolue par une simple addition, il est possible qu'il y ait plus de deux données. C'est que cette opération s'effectue sur plusieurs nombres à la fois ; mais il n'y a toujours qu'une opération à faire. Ainsi, pour savoir ce qu'un négociant doit avoir dans sa caisse après y avoir versé successivement 450 fr., 9237 fr. 94 c., 132 fr. 50 c., 1243 fr., il est évident qu'il faut réunir toutes ces sommes en une seule ; et, quoiqu'il y ait cinq données, une simple addition est nécessaire.

Les problèmes de CLI à CLX se résoudront comme ceux que nous venons de traiter.

174. Lorsqu'un problème repose sur trois données, il y a deux opérations à faire pour le résoudre, surtout si ces données ne sont pas toutes des nombres de la même espèce qu'il faille additionner ou soustraire.

En voici des exemples :

1.º Un voyageur a parcouru 50 kilomètres en 3 jours ; combien lui faudra-t-il de temps pour aller de Lons-le-Saunier à Paris, dont la distance est de 453 kilomètres ?

La nature même de cette question fait aisément reconnaître que les deux nombres de kilomètres exprimés dans le problème ne doivent donner lieu ni à une addition, ni à une soustraction. Si, au lieu de savoir ce que ce voyageur a parcouru de kilomètres en 3 jours, on connaissait combien il en a parcouru en 1 jour, il est facile de comprendre qu'il suffirait de faire de 453 kilomètres autant de parties égales que ce voyageur peut en parcourir dans 1 jour, et que le nombre de ces parties égales indiquera combien de jours sont nécessaires pour faire le trajet de l'une de ces deux villes à l'autre. Or, puisque en 3 jours ce voyageur a parcouru 50 kilomètres, dans 1 seul jour il a dû en parcourir 1/3 de 50, soit $\frac{50}{3}$ $= 16$ kil. 666. Donc, si l'on divise 453 par 16,666, le quotient indiquera le nombre de jours demandé: 453 : 16,666 $=$ 27 j. 18 h.

2.º Quel est le prix de 425 kilogrammes, à 67 fr. 25 c. le quintal métrique?

Nous avons fait connaître (n.º 157) que le quintal métrique est de 100 kilogrammes. Or, si 100 kilogr. coûtent 67 fr. 25 c., il est certain que 1 kilogr. ne coûte que la centième partie de 67,25 ou 0 fr. 6725; et le prix de 425 kilogr. sera 425 fois 0,6725, ou bien 425 $\times$ 0,6725 $=$ 285 fr. 8125.

3.º Un homme laisse en mourant 72400 fr. de fortune à 7 héritiers, mais il y a 10,450 fr. de dettes: quelle sera la part de chaque héritier?

Cette question, quoique renfermant trois données, ne saurait présenter de difficultés: chacun aura la septième partie de 72,400 fr., diminués préalablement de 10450 fr. de dettes. Or, 72400 — 10450 $=$ 61950, et 61950 : 7 $=$ 8850.

La question suivante est tout aussi facile à résoudre :

4.º Un premier jour de l'an, un père donne 5 fr. à son fils, 4 fr. à sa fille, 8 fr. aux domestiques et 3 fr. aux pauvres ; il avait auparavant 50 fr. dans sa bourse; combien lui reste-t-il?

Il doit lui rester la différence entre la somme de tout ce qu'il a donné et ce qu'il avait dans sa bourse, c'est-à-dire $50 - (5 + 4 + 8 + 3)$, ou $50 - 20 = 30$.

172. Il est essentiel à remarquer :

1.º Que, lorsque les nombres réunis ne doivent point être combinés par addition, ni par soustraction, comme dans les deux problèmes ci-dessus, on est conduit à trouver d'abord à quoi équivaut l'unité de l'un de ces nombres par rapport aux autres. On ramène ainsi le problème à n'avoir plus que deux données, et on le résout par une seule opération. C'est la méthode de solution qu'on est convenu d'appeler *méthode par l'unité ;*

2.º Que, lorsque l'une au moins des deux opérations est une addition ou une soustraction, il n'est point nécessaire de revenir préalablement à l'unité ; ce qu'on peut reconnaître dans les deux premiers problèmes qu'on vient de résoudre.

(*Voir à la fin du chapitre les problèmes de* CLXI *à* CLXX.)

---

173. La solution des problèmes devient plus longue, mais non plus difficile, lorsque le nombre des opérations à effectuer dépasse trois. On suit alors une marche semblable à celle que nous venons d'enseigner pour résoudre les questions qui ont trois données ; c'est-à-dire que, par des divisions ou des multiplications successives, on ramène à l'unité les nombres connus par rapport à l'un d'entr'eux qu'indiquent l'intelligence et les besoins du problème ; et ensuite, par d'autres multiplications ou d'autres divisions, on parvient à déterminer la

7*

valeur du nombre inconnu. Des exemples feront bien comprendre ce procédé :

1.° On demande combien 20 ouvriers, travaillant 11 heures par jour, feront de mètres d'ouvrage dans un mois ou 30 jours, lorsque 17 ouvriers, ne travaillant que 9 heures, ont mis 43 jours pour en faire 47515 ?

On fait observer d'abord, que si 17 ouvriers ont fait 47515 mètres en 43 jours en travaillant 9 heures par jour, 1 seul ouvrier a fait pour sa part la 17.ᵉ partie de cet ouvrage dans le temps donné ; et que, s'il a mis 43 jours pour faire sa part, dans 1 jour il n'a évidemment fait que la 43.ᵉ partie de cette part; qu'enfin, dans 1 heure, il a dû faire seulement la 11.ᵉ partie de ce qu'il faisait dans 1 jour. Ainsi, en divisant 47515 par 17; puis, le quotient obtenu, par 43 ; puis encore ce dernier quotient par 11, on saura quel est le nombre de mètres qu'a pu faire 1 seul ouvrier dans 1 heure. Ces divisions successives donnent pour dernier résultat 7,22.

Maintenant, puisque 1 ouvrier, dans 1 heure, fait 7 m. 22 c., il est évident que 20 ouvriers, dans le même temps, en feront 20 fois 7 m. 22 c. ou 144 m. 40 c. ; que, dans 11 heures, ils en feront 11 fois 144 m. 40 c. ou 1588 m. 40 c.; et qu'enfin, en 30 jours, ils en feront 30 fois ce dernier nombre, ou 47,652 mètres.

Les calculs se disposent ainsi :

17 ouvriers en 43 jours et travaillant 9 h. ont fait 47515 mètres.

1 ouv. en 43 j. travaillant 9 h. en a fait $\dfrac{47515}{17}$

1 ouv. en 1 j. trav. 9 h. en a fait $\dfrac{47515}{17 \times 43}$

1 ouv. en 1 j. tra. 1 h. en a fait $\dfrac{47515}{17 \times 43 \times 9}$

et 20 ouv. en 1 j. trav. 1 h. en feront $\dfrac{47515 \times 20}{17 \times 43 \times 9}$

20 ouv. en 30 j. tra. 1 h. en fer. $\dfrac{47515 \times 20 \times 30}{17 \times 43 \times 9}$

20 o. en 30 j. t. 11 h. en f. $\dfrac{47515 \times 20 \times 30 \times 11}{17 \times 43 \times 9}$

Cette dernière expression indique qu'il faut d'abord multiplier entre eux tous les nombres qui forment le numérateur de cette fraction; multiplier de même ceux qui forment le dénominateur et diviser le premier produit par le second. En effectuant ces opérations, on trouve 47652.

2.° Il a fallu 438 m. 75 c. de drap à 3/4 de largeur pour habiller une compagnie de 85 hommes : combien en habillera-t-on avec 1625 mètres à 5/6 de largeur?

Les deux fractions doivent être d'abord réduites au même dénominateur (n° 113) afin de rapporter la largeur du drap à une même partie de l'unité; et l'on observera que plus le drap est large, moins il en faut en longueur pour habiller un homme, et réciproquement. Les deux fractions 3/4 et 5/6, réduites au même dénominateur, deviennent $\dfrac{18}{24}$ et $\dfrac{20}{24}$ ou plus simplement $\dfrac{9}{12}$ et $\dfrac{10}{12}$. Par suite d'un raisonnement semblable à celui du problème précédent, on établira les calculs ainsi qu'il suit :

Si pour 85 h. il a fallu, à $\frac{9}{12}$ de larg., 438 m. 75 c. de drap,

pour 1 h. il a fallu, à $\frac{9}{12}$ de larg., $\dfrac{438,75}{85}$

et pour 1 h. il aurait fallu, à $\frac{1}{12}$ de larg., $\dfrac{438,75 \times 9}{85}$

enfin pour 1 h. il faudra, à $\frac{10}{12}$ de larg., $\dfrac{438,75 \times 9}{85 \times 10}$.

Connaissant par cette dernière expression ce qu'il faut de drap, à $\frac{10}{12}$ ou $\frac{5}{6}$ de largeur, pour habiller 1 homme, il suffira évidemment de diviser 1625 par $\dfrac{438,75 \times 9}{85 \times 10}$, pour savoir combien d'hommes on habillera avec 1625 mètres à 5/6 de large. Cette division donne pour quotient $\dfrac{85 \times 10 \times 1625}{438,75 \times 9} = \dfrac{1381250}{3948,75} = 349,78$, c'est-à-dire qu'il y a un peu trop de drap pour habiller 349 hommes et pas assez pour en habiller 350.

Nous pourrions multiplier ces exemples; mais souvent les problèmes à résoudre se rapportent au calcul des intérêts, de l'escompte, des bénéfices faits en société, etc., et nous devons traiter chacune de ces importantes questions à part. Les chapitres suivants peuvent être considérés comme une suite de la théorie de la solution des problèmes.

On devra d'ailleurs s'exercer à résoudre les problèmes qui suivent, de CLXXI à CLXXV.

PROBLÈMES.

CLI. A 215 fr. l'are, quel est le prix d'un domaine contenant 48 hectares 62 ares ou 4862 ares ?

CLII. Un père a payé, pendant 8 ans et demi que son fils a fréquenté les colléges, 5287 fr. 75 c. de pension et accessoires ; quelle a été, terme moyen, la dépense par an ?

CLIII. Une propriété coûte 6450 fr. ; l'acquéreur a obtenu 3 ans pour se libérer, sans intérêts. S'il ne veut pas toucher à ses capitaux, mais économiser sur les dépenses de la maison tout ce qui sera nécessaire, quelle devra être son économie de chaque jour ?

CLIV. Et, dans le cas du problème précédent, si les paiements doivent être effectués de trois mois en trois mois, quelle sera la quotité de chaque paiement ?

CLV. En supposant encore que l'acquéreur de la propriété dont il vient d'être parlé, n'économise, pour s'acquitter, que 1/17 de ses revenus, quel est son revenu total ?

CLVI. Pour un mètre cube de maçonnerie, on emploie 349 briques : combien en faut-il pour une construction qui doit cuber 1465 mètres 278 décimètres ?

CLVII. Et si ces briques coûtent 12 fr. 50 le mille, quelle sera la somme à payer ?

CLVIII. Un ouvrier maçon ne peut faire que 3 mètres cubes 520 décimètres par jour : combien faudra-t-il de journées pour la construction dont nous venons de parler ?

CLIX. Quel nombre d'ouvriers, dans ce cas, faudra-t-il employer, pour que la construction soit terminée en 2 mois et demi ?

CLX. Enfin, en payant la journée 3 fr. 75 c., quelle sera la somme à compter : 1.° à tous ces ouvriers ; 2.° à chacun d'eux ?

———

CLXI. Avec 63 kilogrammes d'argent pur, on a fait 1400 francs, en y ajoutant la quantité d'alliage voulue par la loi ; combien fera-t-on de francs avec 945 kilogrammes d'argent pur ?

CLXII. En refondant une cloche du poids de 1653 kilogrammes, on a trouvé un déchet de 187 kilogrammes 560 grammes ; quel sera proportionnellement le déchet pour la refonte d'une autre cloche du poids de 2500 kilogrammes ?

CLXIII. 6 ouvriers ont mis 15 jours pour construire un mur : combien 11 ouvriers auraient-ils mis de temps pour faire le même ouvrage ?

CLXIV. Si pour faire un manteau il a fallu 3^{m}45 de drap à 8/9 de largeur, combien en faudra-t-il de mètres si le drap n'a plus que 5/7 de largeur ?

CLXV. Et si le drap à 8/9 de largeur a coûté 27 fr. 60 c. le mètre, combien coûtera le mètre de celui qui n'a que 5/7 ?

CLXVI. Les 5/8 d'une maison ont été achetés 48750 francs ; quel est le prix : 1.° de la maison entière ; 2.° du reste de la maison ?

CLXVII. Un marchand a acheté pour 25 fr. 50 c. une caisse contenant 375 oranges ; il en remet 150 à un confrère, et l'on demande ce que ce dernier doit payer ?

CLXVIII. Un tonneau de 320 litres de liqueur a coûté 248 fr. 50 c. ; combien doit-on payer pour les 7/12 de ce tonneau ?

CLXIX. Un département dont la population est de 316734 habitants, doit fournir 652 hommes pour le service militaire : combien proportionnellement doit en fournir un autre département qui compte 588660 hab. ?

CLXX. On veut terminer en 3 mois un ouvrage pareil à celui que 19 ouvriers n'ont pu terminer qu'en 7 mois 10 jours : combien cette fois faudra-t-il requérir d'ouvriers ?

———

CLXXI. Un voyageur, marchant 8 heures par jour, a employé 15 jours pour parcourir 967 kilomètres : combien devra-t-il marcher d'heures par jour pour faire le même trajet en 9 jours ?

CLXXII. Un vaisseau, filant 45 nœuds à l'heure, a mis 1 mois pour se rendre à sa destination. Combien mettra-t-il de temps pour faire un trajet qui n'est que les 11/17 du premier, et avec une marche trois fois plus rapide ?

CLXXIII. Un fossé de 48 mètres de long, sur 1 m. 45 de large et 0 m. 75 de profond, a été creusé en 9 jours par 7 ouvriers ; combien faudra-t-il de temps à 15 ouvriers de même force pour creuser un autre fossé de 127 m. 60 de long, sur 1 m. 90 de large et 0 m. 60 de profond ?

CLXXIV. On a payé 75 fr. 25 pour une boiserie de 3 m. 15 de hauteur sur 18 mètres de longueur : combien coûtera proportionnellement une autre boiserie de 2 m. 75 de hauteur sur 14 m. 40 de longueur, mais faite avec du bois trois fois plus ouvragé et d'une qualité supérieure au premier dans le rapport de 3 à 5 ? (*)

(*) C'est-à-dire que si le premier bois coûtait 3 fr. le mètre, le second coûte 5 fr.

CLXXV. Une compagnie s'est engagée à construire un chemin de fer en 17 mois, sur une longueur de 168 kilomètres. Il y a 964583 mètres cubes de remblais à faire : 240 ouvriers ont été employés pendant les 9 premiers mois et n'ont pu faire, quoique travaillant 12 heures par jour, que 538650 mètres cubes de ce remblais : combien faudra-t-il employer d'ouvriers ne pouvant plus travailler que 10 h. 1/2 par jour, pour achever ce remblais 3 mois avant les 17 mois voulus ?

CHAPITRE VI.

Règle d'intérêt.

173. Toute somme prêtée donne droit, au profit du prêteur, à un bénéfice proportionné à la quotité de la somme et à la durée du prêt. Ce bénéfice, qu'on est convenu d'appeler *intérêt*, est toujours calculé sur ce que produiraient 100 fr. prêtés pendant 1 an ; la somme prêtée prend le nom de *capital*, et le bénéfice de 100 fr., sur lequel on se base, s'appelle le *taux* de l'intérêt.

La loi a fixé le taux d'intérêt à 6 pour 100 l'an (qu'on indique de cette manière : 6 0/0), entre les commerçants ; et seulement à 5 pour 100 entre les autres personnes ; un taux plus élevé serait réputé usuraire.

Il y a donc, dans toute question d'intérêt, à considérer le *capital*, le *taux*, le *temps* et l'*intérêt*.

174. L'intérêt est *simple* lorsqu'il est perçu à chaque échéance convenue, par exemple tous les ans ou tous les six mois; il est *composé*, lorsque, une fois acquis, au lieu de le retirer on l'ajoute au capital, de manière qu'à l'échéance suivante on a droit, non-seulement à l'intérêt du capital, mais encore à l'intérêt de l'intérêt qui a été capitalisé.

175. *Intérêt simple.* Il est facile de comprendre que, prêter de l'argent à 3, à 4, à 5 ou à 6 pour 100, c'est retirer 0,03 ou 0,04 ou 0,05 ou enfin 0,06 pour f. Donc, *pour connaître l'intérêt d'un an, il suffit*

de multiplier le capital par le taux rendu 100 fois plus faible; ou, ce qui est la même chose, *multiplier ce capital par le taux, et diviser le produit par 100.*

Ainsi, l'intérêt de 458, pour un an, à 5 0/0, est égal à $458 \times 0{,}05 = 22{,}90$; et celui de 9647,25 à 6 0/0 $= 9647{,}25 \times 0{,}06 = 578{,}8350$.

Si l'intérêt est à 3,50, ou à 4,50, ou à 5,50, etc., on multiplie le capital par 0,035 ou 0,045 ou 0,055.

176. Lorsqu'on veut calculer l'intérêt d'une somme prêtée pour plusieurs années, ou seulement pour quelques mois, on détermine d'abord quel serait l'intérêt pour 1 an ; on multiplie ensuite cet intérêt par le nombre d'années indiquées par la question; ou bien on n'en prend qu'une partie correspondante au nombre de mois.

L'intérêt de 640 fr. à 5 0/0 pendant 3 ans et 4 mois se calculera ainsi :

$$\text{Pour 1 an :} \quad 650 \times 0{,}05 = \underline{32{,}00}$$

$$\text{Pour 3 ans :} \quad 32{,}00 \times 3 = \overline{96{,}00}$$

$$\text{Pour 4 mois :} \quad 32{,}00 \times \frac{1}{3} = 10{,}66$$

$$\text{Pour 3 ans 4 mois.} \quad . \quad . \quad \overline{106{,}66}$$

177. Dans le commerce, on calcule l'intérêt *par jour;* chaque mois est considéré comme composé de 30 jours, et l'année de 360 jours, au lieu de 365. Alors *on multiplie le capital par le taux, puis le produit par le nombre de jours pour lequel on veut avoir l'intérêt, et l'on divise ce dernier résultat par* 360 $\times$ 100 *ou* 36000. En effet, nous savons déjà qu'en multipliant le capital par le taux et en divisant le

produit par 100, on obtient l'intérêt d'un an; si ensuite on divise cet intérêt par 360, on aura l'intérêt d'un jour, et il ne restera plus qu'à multiplier le résultat par le nombre de jours indiqués par la question. Tel est l'exemple suivant :

Quel est l'intérêt de 8743,50 à 6 0/0, pour 4 mois 10 jours ?

Les 4 mois 10 jours équivalent à 130 jours; on aura donc :

$$\frac{8743,50 \times 6 \times 130}{36000} = 189 \text{ fr. } 44.$$

Nous ferons observer que, lorsque l'intérêt est à 6 0/0, ce qui a toujours lieu dans les affaires de commerce, on peut ne pas multiplier le capital par 6, et diviser alors seulement par 6000, qui est 1/6 de 36000. On ne fait par là que rendre 6 fois plus faibles le dividende et le diviseur, ce qui ne change pas le quotient; et l'on abrège d'autant plus le calcul que, pour diviser par 6000, il suffit de retrancher par la virgule trois chiffres à la droite du dividende et de prendre ensuite le sixième du résultat. Les opérations du problème précédent se réduisent donc aux suivantes :

$$\frac{8743,50 \times 130}{6000} = 189 \text{ fr. } 44.$$

178. On a quelquefois besoin de connaître quel capital il faut placer pour se créer un revenu fixe, ou bien à quel taux il faut prêter pour avoir annuellement un intérêt convenu. La solution des deux questions suivantes fera connaître les calculs à effectuer pour cela.

1.º Un père de famille a besoin tous les ans de 7580 fr. pour faire face à toutes ses dépenses : quel capital doit-il placer à 5 0/0, pour que son revenu soit égal à sa dépense ?

Si 100 fr. donnent un revenu de 5 fr., il est évident que, pour 1 fr., on n'aura que 0 fr. 05 c. : il faudra donc que le capital à placer contienne autant de fois 1 fr. que 0,05 est contenu dans 7580 ; une simple division résoudra le problème.

$$7580 : 0,05 = 151600.$$

Nota. Puisque 5 est 1/20 de 100, l'intérêt pour 1 an d'une somme placée à 5 0/0 sera toujours égal au vingtième de cette somme. On peut donc, lorsqu'il s'agit de ce taux, prendre 1/20 du capital pour connaître le revenu, et réciproquement multiplier l'intérêt par 20 pour avoir le capital.

2° Lorsqu'on veut, avec 45600 fr. de capital, avoir 2508 fr. de rente, à quel taux faut-il placer cet argent ?

Si 45600 fr. doivent produire 2508, il est évident que 1 fr. ne produira que la quarante-cinq mille six centième partie de 2508, et que 100 fr. produiront 100 fois plus que 1 fr. Il suffit donc de diviser 2508 par 45600 et de multiplier le quotient par 100.

$$2508 : 45600 = 0,055, \text{ et } 0,055 \times 100 = 5{,}50.$$

Il faudra placer ce capital à 5 fr. 50 0/0.

179. Par un raisonnement semblable à celui que nous venons de faire, on déterminera le temps pendant lequel une somme doit être placée, lorsqu'on connaît d'ailleurs le taux et l'intérêt.

Supposons qu'on ait à résoudre cette question :
On a prêté 1265 fr. à 6 0/0 : le prêteur reçoit à valoir sur les intérêts une somme de 50 fr. : pour combien de temps les intérêts ont-ils été payés?

L'intérêt d'un an est égal à 1265$\times$0,06 ou 75,90 ; donc l'intérêt aura été payé pour autant d'années ou de parties d'années que ce qui est dû pour 1 an est contenu de fois dans ce qui a été payé.

$$50 : 75,90 = 0 \text{ a. } 7 \text{ m. } 27 \text{ j.}$$

La division de 50 par 75,90 ne pouvant donner un nombre entier, on convertit 50 en mois, en le multipliant par 12; et le reste de la division se multiplie ensuite par 30 pour avoir des jours.

180. *Intérêt composé.* Toute question d'intérêt composé peut se résoudre en calculant d'abord l'intérêt simple pour un an, au taux convenu, et en ajoutant cet intérêt au capital ; on obtient ainsi la somme qui doit porter intérêt la seconde année. On cherche ensuite l'intérêt de cette somme pour l'ajouter à la somme elle-même et avoir le capital de la troisième année, et ainsi de suite.

Les caisses d'épargnes, établies en faveur des ouvriers ou des instituteurs, capitalisent tous les 6 mois les intérêts échus : c'est un grand avantage lorsque la somme déposée est assez forte ; car il est facile de s'assurer que, par intérêt au 5 0/0 et capitalisé tous les ans, le capital est doublé après 14 ans environ, triplé après 23 ans, quadruplé après 28, quintuplé après 33, etc.

Les questions d'intérêt composé sont plus difficiles à résoudre lorsqu'on veut connaître le capital à placer pour avoir, dans un temps donné, un revenu indiqué ; ou bien lorsqu'on veut déterminer le taux ou le temps. Mais, parce que ces questions ne se présentent presque jamais dans la pratique, il est à peu près inutile de s'exercer à les résoudre.

Les problèmes suivants serviront à faciliter l'emploi de la règle d'intérêt, l'une des plus importantes dans la pratique :

PROBLÈMES.

CLXXVI. Quel est le revenu d'une personne qui a placé 4620 fr. 50 c. à 5 0/0, et qui a payé 12750 fr. un domaine qui ne produit que le 3 0/0 ?

CLXXVII. Un négociant fait aux acheteurs qui paient comptant une remise de 6 0/0 ; il a fait dans un an pour 165416 fr. 75 c. de ventes à ces conditions : à quelle somme se sont élevées les remises ?

CLXXVIII. Un banquier prête 674 fr. 25 c. au taux du commerce, pour 2 mois 8 jours ; il prend de plus 2 0/0 pour droit de commission : quel bénéfice fera-t-il sur ce prêt ?

CLXXIX. Quel est le revenu d'une famille dont le père possède une propriété évaluée 434600 fr., mais ne rapportant que 2 et 1/2 0/0 ; la mère, un capital de 725000, placé à 4 et 1/2 0/0, et dont les enfants dirigent une fabrique qui, terme moyen, donne 2580 fr. de bénéfice par an ?

CLXXX. Quelle fortune doit avoir en capital celui qui veut pouvoir dépenser tous les jours 18 fr. 75 c., et placer son argent à 6 0/0 ?

CLXXXI. Une somme de 738 fr. avait été placée

pour 3 ans 5 mois ; après ce temps, on retire 838 fr. 86 c., intérêt et capital compris : à quel taux cette somme avait-elle été placée ?

CLXXXII. Une personne a acheté pour 20900 fr. une propriété qui lui donne tous les 6 mois 400 fr. de rente ; une autre personne a fait construire une maison qui lui coûte 35600 fr. et lui donne tous les ans 1800 fr. de revenu ; mais la première personne est obligée de dépenser annuellement 150 fr. pour l'entretien de sa propriété, et l'autre 545 pour l'entretien de sa maison : quelle est celle qui a fait le meilleur placement de fonds ?

CLXXXIII. Pendant combien de temps faut-il placer 75725 fr. à 5 0/0 pour que la somme soit doublée ?

CLXXXIV. Une somme de 340 fr. a été déposée à la caisse d'épargnes le 1.er janvier 1842 ; l'intérêt au 4 0/0 a été capitalisé tous les 6 mois : que devra rembourser la caisse d'épargnes le 1.er janvier 1848 ?

CLXXXV. Un instituteur place tous les ans 10 fr. à la caisse d'épargnes ; il a commencé ses dépôts le 1.er novembre 1838, et, chaque année, outre la somme de 10 fr. qu'il a versée, on lui a capitalisé les intérêts à 4 0/0, et par 6 mois : quelle somme sera due à cet instituteur après 30 ans, c'est-à-dire le 1.er novembre 1868 ?

CHAPITRE VII.

Règle d'escompte, et calculs sur les fonds publics.

181. Les négociants, lorsqu'ils vendent pour une somme un peu forte aux personnes qui leur inspirent assez de confiance, ont l'habitude d'accorder des délais pour le paiement ; ils ne reçoivent alors, en échange des marchandises qu'ils livrent, qu'un *billet* ou *effet*, indiquant la somme due, le temps et le lieu où elle sera comptée. Ces engagements, qu'on appelle *billets à ordre*, lorsqu'ils sont souscrits par le débiteur, portent en toutes lettres la somme qui sera payée au moment convenu, sans aucune stipulation d'intérêt. Mais le propriétaire de ces billets peut les *négocier*, ou les transmettre à d'autres personnes qu'il substitue à tous ses droits ; et, au jour de l'échéance, le dernier porteur présente le billet au souscripteur, qui est obligé de l'acquitter.

Lorsqu'il n'existe pas de billet souscrit par le débiteur, le négociant créancier peut mettre en circulation un billet qu'il souscrit lui-même et que le débiteur est tenu également de payer au temps indiqué, pourvu qu'il ait été informé de cette disposition en temps nécessaire ; le billet peut encore être payable *à vue*, c'est-à-dire lorsqu'on le présentera, et sans autre avis. Ces autres billets s'appellent *lettres de change*.

182. Ces billets à ordre et ces lettres de change,

qui comprennent intérêt et capital , n'ont acquis toute leur valeur qu'au moment de l'échéance ; par conséquent, celui qui les transmet avant ce terme ne donne pas réellement l'équivalent de la somme indiquée dans le billet, et la différence entre la valeur actuelle et la valeur à l'échéance est d'autant plus grande qu'il doit encore s'écouler plus de temps jusqu'au moment où le paiement aura lieu. Cette différence entre les deux valeurs est ce qu'on appelle *l'escompte* du billet, et nous allons faire connaître par quels calculs on le détermine.

183. Il y a des *taux d'escompte* comme des *taux d'intérêt;* c'est-à-dire qu'on calcule la différence entre la valeur actuelle d'un billet et celle qu'il aura au moment de l'échéance, sur une différence convenue pour 100 fr. payables dans 1 an.

Le taux légal est le même pour l'escompte que pour l'intérêt : 6 0/0 pour les commerçants et 5 0/0 pour les autres personnes; mais il faut remarquer que tout billet à ordre, toute lettre de change suppose un acte de commerce, et doit être par conséquent escompté au 6 0/0 ; ce n'est que dans quelques transactions particulières qu'on stipule l'escompte à 5 0/0.

184. D'après ce qui vient d'être dit, puisque 106 fr., payables dans 1 an, ne doivent valoir actuellement que 100 fr. si l'on escompte au 6 0/0, il est évident que 1 fr., payable aussi dans 1 an, ne doit valoir actuellement que $\frac{100}{106}$; et qu'une somme quelconque, escomptée pour le même temps , vaudra

autant de fois cette fraction qu'elle contiendra de francs.

Si l'escompte était à 5 0/0, ou à 4 0/0, etc., la fraction serait $\frac{100}{105}$, ou $\frac{100}{104}$.

Donc, *pour avoir l'escompte d'un billet, il faut multiplier la somme portée sur ce billet par 100, et diviser le produit par 100 augmenté du taux d'escompte.*

Pour 6 ou 3 mois, on prendrait la moitié ou le quart de l'escompte calculé d'abord pour 1 an.

Ainsi, 3645 fr. escomptés à 6 0/0 et payables dans 1 an, ne valent aujourd'hui que $\frac{3645 \times 100}{106} = 3438$ fr. 67 c. : la remise est donc de 3645—3438,67, ou bien de 206,33. Pour 6 mois, cette remise serait de 103 fr. 16 ; et pour 3 mois, de 54 fr. 58, etc.

185. Nous devons faire observer que, dans la pratique, on n'escompte pas ainsi : les commerçants se contentent de calculer l'intérêt à 6 ou à 5 0/0 de la somme stipulée dans le billet et pour tout le temps qui doit s'écouler jusqu'à l'échéance; puis ils retiennent une somme égale à cet intérêt. Cet escompte, qu'on appelle *en-dehors*, est au désavantage de celui qui transmet le billet ; il est suivi généralement; et l'escompte *en-dedans*, le seul qui soit basé sur la justice et l'équité, n'existe presque plus qu'en théorie.

Ainsi, pour un billet de 7915,45 et à 5 mois d'échéance, le banquier, qui escompte au 8 pour 0/0, droit de commission compris, calcule l'intérêt simple de cette somme pour 5 mois, et retient le montant de cet intérêt. Pour 5 mois, 7915 fr. 45, au 8.0/0, donnent un intérêt de 263 fr. 85 c. L'escompte *en-dedans* de cette même somme ne serait que de 244 fr. 30..c.

Il faut remarquer que la différence entre ces deux sortes d'escompte est toujours égale à l'intérêt de l'escompte *en-dedans*, calculé au même taux et pour le même temps. Ce qui est d'ailleurs facile à vérifier.

Les problèmes proposés à la fin du chapitre, de CLXXXVI à CXCIII, serviront d'exercice.

186. *Des fonds publics.* On appelle *rentes sur l'Etat*, l'intérêt que l'on retire d'une somme prêtée au gouvernement.

Les prêts faits au gouvernement ont cela de particulier que le capital ne peut être remboursé qu'en vertu d'une loi ; mais les titres sont transmissibles, et tous les jours les porteurs peuvent les négocier à la Bourse de Paris.

Les fonds publics, en France, sont le 5 pour 100 et le 3 pour 100. Il ne faut pas entendre par là que l'on retire 5 ou 3 fr. pour 100. Ici le taux est constant, mais le capital est variable ; c'est-à-dire que, pour avoir 5 fr. de rentes, on est obligé quelquefois de compter à l'Etat, ou à celui qui vend son titre, 110, 112, 120 fr. ; d'autres fois seulement 97, 98, etc. Il en est de même pour la rente à 3 pour 100. C'est ce qui fait dire que les fonds sont tantôt *à la hausse*, tantôt *à la baisse*, selon qu'il faut un capital plus fort ou plus faible que le jour précédent, pour avoir droit à 5 ou à 3 fr. de rente.

Le *cours* de la rente est rendu public tous les jours par les journaux officiels.

187. Supposons qu'on achète pour un capital de 25000 fr. des rentes à 5 pour 100, et que le cours soit coté 117 fr. 25 c. ; pour connaître le total de la rente, on raisonnera ainsi : pour 117 fr. 25 c. on a 5 fr. de rente ; pour 1 fr. on aura $\dfrac{5}{117,25}$, et pour 25000, on aura $\dfrac{5 \times 25000}{117,25} = 1066$ fr. 09 c.

De même, pour savoir ce que coûteront 500 fr. de rente à 3 0/0, lorsque le cours est à 92 fr. 71 c., on dira : si 3 francs coûtent 92, 71, nécessairement 1 fr. de rente coûtera $\dfrac{92,71}{3}$, et 500 fr. de rente coûteront $\dfrac{92,71 \times 500}{3} = 15451$ fr. 66 c.

Enfin, si l'on veut reconnaître à quel taux on place son argent en achetant du 5 0/0 lorsque le cours est à 109,50, il suffira de multiplier 5 par 100 et de diviser le produit par le cours 109,50.

En effet, puisque pour 109,50 on a 5 fr. de rente, pour 1 fr. on n'a que $\dfrac{5}{109,50}$; et à ce taux, pour 100 francs, on doit avoir $\dfrac{5 \times 100}{109,50} = 4,575$.

Les problèmes de CXCIV à CC sont relatifs aux questions sur les fonds publics.

PROBLÈMES.

CLXXXVI. Que vaut actuellement un billet de 434 fr. 25 c. payable dans 7 mois 10 jours, qu'on veut escompter en-dedans à 6 0/0 ?

CLXXXVII. Un banquier a escompté *en-dehors*, pen-, dant les 6 premiers mois de l'année, pour 1645730 fr. de billets ou de lettres de change représentant en somme 4 ans 9 mois 11 jours ; combien a-t-il retenu sur cette somme ? et qu'aurait-il gagné de moins s'il avait fait l'escompte *en-dedans* ?

CLXXXVIII. Pour un billet de 453 fr. à trois mois de date, on ne reçoit que 448 fr. 25 c., escompte *en-dedans* : quel est le taux de l'escompte ?

CLXXXIX. Un commerçant retient 72 fr. 50 c. pour escompte *en-dehors* d'une lettre de change payable dans 8 mois 17 jours : quelle somme porte donc la lettre de change ?

CXC. Un marchand souscrit, le 10 janvier, un billet à ordre de la somme de 4620,75, payable le 30 août suivant. Mais, le 17 mars, il retire son effet avec escompte en-dehors de 4 et demi pour 100, pour le temps qui devait encore s'écouler jusqu'à l'échéance : quelle somme doit-il compter ?

CXCI. Quelle est la valeur actuelle d'un billet de 1000 fr. payable dans 95 jours, et escompté à 2/3 pour 100 par mois, escompte en-dedans ?

CXCII. Un négociant gagne 7 1/2 pour 100 sur le drap qu'il revend ; outre ce bénéfice, il a encore eu une remise de 2 pour 100 du fabricant, parce qu'il paie sans demander de délai : s'il a vendu dans un an pour 195760 fr. de drap, quel a été son bénéfice ?

CXCIII. Lorsque le cours de la rente 3 0/0 est à 86 fr. 57 c., à quel taux place-t-on son argent ?

CXCIV. Combien coûtent 325 fr. de rentes 5 0/0, si le cours est à 115 fr. 725 ?

CXCV. Lorsque la rente 5 0/0 est à 105 fr. 12 c., quel est le cours correspondant du 3 0/0?

CXCVI. Est-il plus avantageux de placer son argent en rentes 5 0/0 au cours de 97,85, qu'en rentes 3 0/0, au cours de 41,25?

CXCVII. On avait acheté 760 fr. de rentes 5 0/0, au cours de 89,35; on les revend au cours de 96,05: combien a-t-on gagné?

CXCVIII. Quelle est la perte d'un spéculateur qui a engagé 165000 f. sur les fonds publics, au cours de 98,15, et qui subit une baisse de 5 centimes?

CXCIX. Combien ce même spéculateur aurait-il gagné avec une hausse de 1,35?

CC. Et si, dans ce dernier cas, il ne s'était écoulé que 43 jours entre l'achat et la revente, quel est le taux de son bénéfice?

CHAPITRE VIII.

Règle de société.

188. Souvent plusieurs personnes réunissent leurs capitaux ou leur industrie pour une même entreprise ; elles se partagent ensuite le gain qu'elles ont pu faire ou la perte qu'elles ont éprouvée.

Ce partage se fait par égales portions, lorsque toutes les mises sont les mêmes et que les associés travaillent autant les uns que les autres à l'entreprise. Mais, si quelques-uns ont apporté plus de capitaux ou les ont laissés plus de temps dans la société, il est juste que les parts de perte ou de gain soient établies proportionnellement à ces différences de mises et de temps.

189. Le problème suivant, où les mises seulement sont supposées n'être pas égales, nous apprendra quelles opérations il faut faire dans tous les cas semblables.

Trois personnes se sont associées pour établir une fabrique de drap : la première a compté 42500 fr. ; la seconde, seulement 12000 fr., et la troisième a fourni tout le reste de la dépense, soit 62752 francs. Deux ans après, le bénéfice net de l'entreprise est de 6325 fr. : quelle doit être la part de chacun ?

L'addition des trois mises partielles fait connaître que la mise totale était de 118252 fr. ; or, il est évident que, si une personne avait seule fourni toute cette somme, elle aurait tout le gain pour elle; et que si elle n'avait fourni que 1 fr., elle n'aurait que la cent dix-huit mille deux cent cinquante-deuxième partie du gain. Donc, le quotient de 6325 divisé par 118252 indiquera le bénéfice correspondant à la mise de 1 fr. Il suffira de multiplier ce quotient successivement par la mise de chaque associé pour connaître la part de bénéfice qui lui revient.

$$6325 : 118252 = 0,053487.$$
$$\text{Et } 0,053487 \times 42500 = 2273,197$$
$$0,053487 \times 12000 = 641,844$$
$$0,053487 \times 63752 = 3409,904$$

Somme égale, 6324,945 à quelques centimes près, à cause des décimales négligées dans la division.

Les problèmes de CCI à CCV sont semblables à celui que nous venons de résoudre.

190. Lorsque les mises n'ont pas été faites dans le même temps, il faut multiplier la somme de chaque associé par le temps qu'elle est restée dans l'association ; et l'on opère ensuite comme pour l'exemple précédent ; on a soin seulement de prendre la même unité de temps pour tout ; ou l'année, ou le mois, ou le jour.

Celui, en effet, qui placerait dans l'entreprise 1000 fr. pendant 3 ans, aurait une part de bénéfice égale à celle d'un associé qui pendant un an seulement y placerait 3000 fr. : l'un et l'autre n'auraient que trois fois le bénéfice de 1000 fr. pendant 1 an. Donc, par des multiplications des mises par le temps, on fait disparaître la différence des temps en augmentant proportionnellement les mises. En voici un exemple :

De quatre associés, le premier a mis 4500 fr. pendant 1 an; le deuxième a mis 2050 fr. pendant 7 mois; le troisième a mis 3000 fr. pendant 6 mois; et enfin, le quatrième a mis 1500 fr. pendant 4 mois. Au lieu de bénéfice il y a une perte de 600 fr.: quelle part doit supporter chacun des associés?

On multiplie 4500 par 12 mois, soit 54000
    —   2050 par 7   —   14350
    —   3000 par 6   —   18000
    —   1500 par 4   —   6000,

On divise ensuite la perte 600 fr. proportionnellement à ces produits, comme dans l'exemple précédent, et l'on trouve les résultats suivants:

$$
\begin{aligned}
\text{Perte du } 1^{er}, &= 350{,}838 \\
— \quad 2^e, &= 93{,}234 \\
— \quad 3^e, &= 116{,}946 \\
— \quad 4^e, &= 38{,}982 \\
\hline
\text{Somme égale: } & 600{,}000
\end{aligned}
$$

191. La règle de société sert à résoudre beaucoup de problèmes des plus importants et des plus difficiles, aujourd'hui surtout que le haut commerce ne se fait presque plus que par association, et que les plus grandes entreprises sont adjugées à des compagnies d'actionnaires. Les problèmes qui terminent ce chapitre, de CCVI à CCX, font encore connaître les différents cas où l'on doit l'appliquer.

---

192. On peut rapporter à la règle de société le procédé pour trouver une *moyenne* entre plusieurs

nombres. On entend par *moyenne* une quantité qui tient le milieu entre plusieurs autres, et qui approche le plus du résultat exact qu'on voudrait connaître, lorsqu'une opération pratique, répétée plusieurs fois, donne des résultats différents. Ainsi on a souvent besoin de connaître exactement la grandeur d'une ligne dans certaines opérations de géométrie; si, en mesurant plusieurs fois cette ligne, on n'obtient pas toujours le même nombre, on prend une moyenne entre tous ceux qu'on a trouvés.

Pour cela, il suffit d'additionner les nombres différents qu'on a obtenus à chaque opération, et de diviser leur somme par le nombre qui indique combien de fois on a opéré.

Supposons qu'un géomètre, mesurant cinq fois une base d'opération, trouve les résultats suivants : $365^m 25$; $362^m 15$; $366^m 70$; $363^m 50$; $364^m 05$; on additionnera ces nombres et on divisera leur somme par 5, de la manière suivante :

$$365,25$$
$$362,15$$
$$366,70$$
$$363,50$$
$$364,05$$
$$\overline{1821,65}$$

Dont le 5me est $364,33$.

La grandeur moyenne de cette ligne, et qu'on doit regarder comme la plus exacte, est donc de $364^m 33$.

193. C'est encore par la règle de société qu'on trouve ce que, dans une faillite ou dans tout arran-

gement entre créanciers et débiteurs, il est accordé pour 100. Pour cela, *on divise la somme que le failli laisse à tous les créanciers, par le total des dettes: le quotient exprime ce qui est accordé pour 1 fr. de dette, et, en multipliant ce quotient par 100, on connaît le taux de la faillite.*

Ce procédé est une conséquence de ce que nous avons expliqué au n° 189.

Ainsi, dans une faillite où l'*actif*, c'est-à-dire ce que donne le failli, est de 135420 fr., et le *passif*, c'est-à-dire ce qui est dû, de 327450 fr., le quotient du premier de ces deux nombres par le second étant 0,41355, les créanciers recevront 41 fr. 355 pour 0/0. Voici les opérations:

$$
\begin{array}{ll}
1354200 & \big\{ 327450 \\
444000 & \big\{\overline{} \\
1165500 & \big\{ 0,41355 \\
1831500 & \\
1942500 & \\
315200 &
\end{array}
$$

Et enfin $0,41355 \times 100 = 41,355$. Nous avons pris ce résultat jusqu'aux millimes, parce qu'en le multipliant ensuite par ce qui est dû à chaque créancier, on aurait des erreurs au moins de 1 fr., lorsque le multiplicateur contiendrait des mille ; il faudrait même pousser plus loin encore la division, si on devait ensuite multiplier le quotient par des nombres plus forts que 10000 ou 100000, etc.

Nota. La plupart des auteurs font résoudre toutes les questions d'intérêt, de société, etc., par les proportions ; mais, outre que les proportions, quoique faciles en théorie, sont souvent très difficiles en pratique, tout le monde sait qu'une fois hors des écoles, on ne résout les problèmes qu'au moyen de raisonnements semblables à ceux que nous avons établis.

PROBLÈMES.

CCI. Deux personnes avaient acheté en commun une maison qu'elles ont ensuite revendue 64900 fr. ; elles ne l'avaient payée que 49673 fr. 50 c. ; la première avait avancé pour l'acquisition de cette maison 25000 fr., et l'autre, le reste. Quelle part du bénéfice revient à chacune?

CCII. La construction d'un chemin de fer a coûté 217650215 fr. ; la recette de la première année d'exploitation a été de 265745 fr. 50 c., et la dépense, de 80749 fr. 75 c. : quel est le *dividende* ou bénéfice par action de 500 fr. ?

CCIII. Une commune doit payer, en 1848, la somme de 34596 fr. 35 c. pour les impôts fonciers : chaque propriétaire doit payer sa part en raison de ses revenus présumés : que doivent payer les 6 plus riches de la commune, dont les revenus sont respectivement de 12735, de 9740, de 9054, de 8938, de 7503 et de 7439 fr., lorsque les revenus de la commune entière sont de 865437,25 ?

CCIV. Trois personnes ont mis dans une entreprise commune une somme totale de 50000 fr. ; la première a retiré ensuite 347 fr. 50 c. pour sa part de bénéfice ; la seconde n'a eu que 215 fr. 75 c. ; et la troisième, 209 fr. 75 c. : quelle était la mise de chaque associé ?

CCV. Une personne charitable lègue 1200 fr. aux vieillards d'un hospice ; ceux-ci sont au nombre de 164 et ils doivent recevoir proportionnellement à leur âge ; tous ensemble représentent 11480 ans : combien faut-il donner à ceux qui ont 65 ans ? à ceux de 83 ans ? de 74 ? etc.

CCVI. Un négociant a commencé avec 24730 fr. en numéraire, et 1250 fr. en billets à recevoir ; trois mois après, un associé lui apporte 38400 fr. ; et le quinzième mois l'inventaire leur fait reconnaître une perte de 725 fr. ; quelle doit être la part à supporter par chacun ?

CCVII. Un capitaliste est entré, le 17 mars, dans une entreprise de diligences, établie depuis le 1er janvier, et qui avait commencé avec un capital de 73780 fr. ; ce capitaliste fait un premier versement de 11500 fr. ; et le 30 mai suivant il double cette somme. Après 1 an d'exercice, les entrepreneurs reconnaissent qu'ils n'ont gagné encore que 625 fr. : quelle part de cette somme revient au capitaliste ?

CCVIII. Un banquier donne son bilan : son actif est de 2458730 fr., et son passif, de 7345690 fr. : quel dividende offre-t-il à ses créanciers, c'est-à-dire combien leur peut-il donner pour 100 ?

CCIX. Combien, dans le problème précédent, reviendra-t-il à celui qui est créancier pour une somme de 3640 fr. 75 c. ?

CCX. Deux entrepreneurs ont employé leurs ouvriers à la construction d'une maison ; l'un, pendant 24 jours, a mis 15 ouvriers, et l'autre en a eu 47 pendant 8 jours ; ils ont reçu pour cela 2750 fr. : quelle part doit être comptée à chaque entrepreneur et qu'aura gagné chaque ouvrier, si la journée était la même pour tous ?

CHAPITRE IX.

Règle de mélange et d'alliage.

194. Les négociants ont souvent besoin de faire des *mélanges* de marchandise, afin de pouvoir vendre à leurs correspondants les *qualités* qu'ils demandent. Certains fabricants forment aussi avec des métaux divers des *alliages*, nécessaires pour la confection des objets qui leur sont commandés. Mais ces mélanges et ces alliages doivent être faits dans certaines conditions, et l'on a toujours à calculer, soit les proportions, soit les prix des différentes parties qu'on a à réunir. Nous allons résoudre plusieurs problèmes relatifs à ces questions ; et ces exemples, une fois bien compris, serviront à faire connaître par quelles opérations on arrivera à la solution de tous les cas qui peuvent se présenter dans la pratique.

195. Un marchand de blé fait un mélange de 17 hectolitres qu'il a payés 357 fr., et de 9 hectolitres qui ne coûtent que 144 fr. ; mais, en faisant nettoyer ce mélange, il a perdu 65 litres : à combien lui revient l'hectolitre de ce mélange?

17 + 9 hectolitres font un total de 26, coûtant ensemble 357 + 144 ou 501 fr. Mais, à cause du déchet, il ne reste plus que 25 hectolitres 35 litres, ou 2535 litres. Donc, en divisant 501 fr. par 2535 et en multipliant ensuite le quotient par 100, on connaîtra le prix d'un hectolitre de ce mélange.

$$501 : 2535 = 0,1976, \text{ et } 0,1976 \times 100 = 19,76.$$

Un hectolitre de ce mélange coûte donc 19 fr. 76 c.

196. Supposons encore cette question : On verse dans un même tonneau 28 litres de vin à 35 c. le litre; 42 litres à 27 c., et 50 litres à 26 c. : combien coûtera le litre de ce mélange?

Les 28 premiers litres représentent une valeur de 0 fr. 35 $\times$ 28 ou de 9 fr. 80 ; les 42 litres de seconde qualité représentent une valeur de 11 fr. 34 c. ; et enfin, les 50 derniers litres valent 13 fr. Donc les 28 + 42 + 50 ou 120 litres, valent 9,80 + 11,34 + 13 ou 34 fr. 14. Il est bien évident qu'en divisant 34,14 par 120, on aura le prix d'un litre de mélange.

$$34,14 : 120 = 0,2845.$$

C'est-à-dire que le litre coûtera un peu moins de 28 centimes et demi.

197. Par ces deux exemples, on voit que, *pour connaître le prix de l'unité de mélange, il faut diviser la valeur de tout le mélange par le nombre d'unités qu'on a mélangées.*

Les problèmes de CCXI à CCXV se rapportent à cette première partie de la règle des mélanges.

198. Avec deux qualités de blé, l'une à 21 fr. et l'autre à 24 fr. l'hectolitre, on veut faire un mélange qui revienne à 23 fr. : combien faut-il prendre de l'une et de l'autre qualité ?

Dans les questions de cette espèce, il faut toujours que le prix donné soit *moyen* entre le prix le plus élevé et le prix le plus faible; autrement, le problème serait évidemment absurde.

En vendant 23 fr. un hectolitre qui ne vaut que 24, on gagnera 2 fr.; mais en vendant 23 fr. deux des hectolitres qui valent 24, on perdra ces deux mêmes francs. Donc, 1 hectolitre à 21 fr., et 2 hectolitres à 24, mélangés, ne vaudront que 23 francs l'hectolitre.

On voit par cet exemple qu'*il faut prendre de la première qualité autant d'unités que l'indique la différence du prix moyen au prix de la seconde qualité; et autant de la seconde qualité que l'indique la différence du prix moyen à celui de la première qualité.*

L'exemple suivant fait voir que cette règle est générale?

199. Combien faut-il prendre de vin à 0 fr. 30 c. le litre, d'autre à 0 fr. 35 c. et d'autre à 0,43, pour qu'on puisse le vendre 0,40 le litre et gagner 20 fr. par hectolitre?

On remarquera d'abord que, pour gagner 20 fr. par hectolitre, en vendant 0,40 le litre de mélange, il faut que ce dernier ne revienne qu'à 0,40 — 0,02 ou 0,38. La question se réduit donc à mélanger les trois qualités de vin, de manière à ce que le litre ne coûte que 0 fr. 38 c. pour être vendu 0,40.

Ce n'est qu'en mélangeant des vins dont les prix soient, l'un supérieur et l'autre inférieur au prix moyen, qu'on peut obtenir l a qualité qu'on demande. Comparant d'abord les prix 0 fr. 30 c. et 0,43 au prix moyen 0,38, les différences 8 et 5 font connaître ce qu'il faut prendre de la première et de la dernière qualité. De même, en comparant les deux prix 0,35 et 0,43, toujours au prix moyen, 0,38, les différences 3 et 5 indiquent qu'il faut prendre une seconde fois 3 litres de la première qualité et 5 de la seconde.

Ces différences devraient être exprimées par des fractions, puisqu'elles sont telles, en effet ; mais il est facile de reconnaître que les proportions ne changent pas, qu'on prenne 100 fois plus ou 100 fois moins de chaque chose qu'on mélange.

Ainsi on devra donc prendre 8+3 ou 11 litres à 0 f. 43 c. ; plus 5 litres à 0 f. 35 c. et autant à 0,30.

$$\text{En effet } 11 \times 0,43 = 4,73$$
$$5 \times 0,35 = 1,75$$
$$5 \times 0,30 = 1,50$$
$$\text{Soit 21 lit. coûtant } 7,98$$

Donc un litre coûtera 7,98 : 21 ou 0,38, qui est bien le prix donné.

200. Le problème que nous venons de résoudre pourrait présenter encore cette circonstance qu'outre les proportions à observer dans le mélange de ces différentes qualités de vin pour l'avoir à un prix fixé, il fallût de plus déterminer le nombre de litres à prendre de chaque espèce, pour un total de 320 litres.

Alors, après avoir fait toutes les opérations indiquées au n° précédent, on ferait ce raisonnement : Puisque, pour 21 litres au prix convenu, il faudrait en prendre 11 de la première qualité, 5 de la seconde et 5 de la troisième, il est évident que, pour 1 litre, il suffirait de prendre $\frac{11}{21}$ de la première qualité, et $\frac{5}{21}$ de chacune des deux autres, et pour 320 litres, on aurait :

$$1^{re} \text{ qualité}, \quad \frac{11 \times 320}{21} = 167,62$$

$$2^e \text{ qualité}, \quad \frac{5 \times 320}{21} = 76,19$$

$$3^e \text{ qualité}, \quad \frac{5 \times 320}{21} = 76,19$$

$$\text{Total}: \quad \overline{320,00}$$

On résoudra de même les problèmes de CCXVI à CCXX.

---

201. L'alliage pour les monnaies est, ainsi que nous l'avons déjà dit (37 et 145), de 0,1 pour les pièces d'or comme pour celles d'argent ; c'est-à-dire que, sur 10 kilogrammes de matière monnoyée, 9 sont d'or ou d'argent pur, et 1 d'autre métal. On dit dans ces cas que ces pièces sont à 0,9 *de fin*. D'après cela, on demande combien on peut faire de francs avec un lingot d'argent pur, pesant 21 kilogrammes 15 grammes.

Il est évident que cette quantité d'argent, qui peut aussi être exprimée par 21015 grammes, représente les 0,9 de ce que pèsera la somme d'argent monnoyée. Donc, la neuvième partie de ce poids ajoutée à lui-même nous fera connaître le nombre de grammes que pèsera la somme ; et, parce que 1 fr. ne pèse que 5 grammes, il suffira de prendre le cinquième de ce nombre de grammes.

$$21015 \times \frac{21015}{9} = 23350$$

$$\text{Et } \frac{23350}{5} = 4670.$$

Donc avec ce lingot on fera 4670 francs.

202. Il ne faut pas perdre de vue que l'alliage dans la monnaie se calcule sur le poids des pièces et non sur leur valeur de convention. Ainsi, pour savoir la quantité d'alliage qui se trouve dans une somme de 1000 fr. en argent, on prendra le dixième, non de 1000 fr., mais de 5000 grammes que pèse cette somme : on trouvera ainsi 500 grammes d'alliage et 4500 grammes d'argent pur. Il en est de même pour les pièces d'or.

203. Il est presque impossible que les pièces d'or ou d'argent aient exactement le poids qui leur est assigné ; quelques-unes peuvent peser un peu plus, quelques autres un peu moins après avoir été long-temps en circulation. La loi tolère une différence de 0,002 pour les pièces d'or ; de 0,003 pour les pièces d'argent de 5 fr. ; de 0,005 pour celles de 2 fr. et de 1 fr. ; de 0,007 pour celles de 50 c. ; et enfin de 0,010 pour celles de 25 c. Si le poids est moindre que le poids légal, la tolérance est appelée *en-dedans;* mais, si le poids est plus fort que le poids légal, la tolérance est dite *en-dehors.*

Pour les objets d'or et d'argent qui ne servent pas de monnaie, et que fabriquent les orfèvres et les bijoutiers, la loi reconnaît plusieurs titres ; et, afin de donner une garantie à l'acheteur, les fabri-cants de ces objets sont tenus, sous peine d'amende, de les faire contrôler et frapper d'un poinçon qui fait connaître le titre ou quantité d'alliage.

Les ouvrages d'argent n'ont que deux titres : le premier a 0,920 de fin, et le second a 0,800, avec une tolérance de 0,005 en plus ou en moins.

Pour les ouvrages en or, il y a trois titres : le pre-

mier a 0,920 de fin ; le second a 0,840 ; et le troisième a 0,750, avec une tolérance de 0,003.

Il serait facile de calculer, d'après ces titres, la
différence de prix que doivent avoir, dans l'orfèvre-
rie et la bijouterie, les ouvrages qu'on vend avec
garantie du degré de fin. Nous laissons au maître
le soin de choisir et de faire résoudre quelques
questions à ce sujet.

On s'exercera enfin à résoudre les problèmes de
CCXXI à CCXXV.

PROBLÈMES.

CCXI. Un marchand a reçu 4 tonneaux d'huiles de
qualités différentes : la première qualité lui révient à
1 fr. 95 c. le kilogramme ; la seconde, à 1 fr. 80 c. ;
la troisième, à 1 fr. 63 c., et la quatrième, à 1 fr. 60 c. ;
le premier tonneau pesait 648 kil. ; le second, 529 ;
le troisième, 843, et le quatrième, 672 : combien coûtent 50 kilogrammes de toutes ces huiles versées dans un
même foudre ?

CCXII. Et combien ce même marchand doit-il revendre le kilogramme de ces huiles mélangées pour gagner 25 0/0 ?

CCXIII. Un géomètre a mesuré cinq fois une ligne ;
la première fois il a trouvé 148^m 25 ; la seconde fois,
144^m 75 ; la troisième fois, 151^m ; la quatrième fois,
147, 19 ; et enfin une dernière fois, 146^m 05 : quelle
longueur moyenne a par conséquent celle qui présente
le moins d'erreur ?

CCXIV. On a mêlé de l'eau-de-vie de Cognac, à
375 fr. 50 c. l'hectolitre, avec de l'eau-de-vie de Béziers,

qui ne vaut que 234, 25 l'hectolitre : combien faut-i
vendre 42 hectolitres 75 litres de ce mélange pour gagner 2360 fr. ?

CCXV. Une marchande de lait apporte tous les ma-
tins 48 litres de lait pur, qu'elle paie elle-même 0,175
le litre ; elle y ajoute 1/3 d'eau et revend encore 0,20
le litre de ce mélange : combien gagnera-t-elle au bout
d'un an, si elle fait tous les jours ce commerce ?

———

CCXVI. Un propriétaire a dans ses greniers du blé
de l'année dernière qu'il ne peut donner à moins de
25,35 l'hectolitre ; mais il en a de la dernière récolte
qui ne vaut que 19 fr. 75 c. : combien doit-il en prendre
de chaque qualité pour qu'il puisse vendre 23,50 l'hectolitre du mélange ?

CCXVII. Et combien ce même propriétaire devra-t-il
en prendre de chaque qualité, pour un chargement de 37
hectolitres ?

CCXVIII. Pour faire une cloche, l'ouvrier emploie
du cuivre, du zinc et de l'étain : le cuivre coûte 2 fr.
70 le kilogramme ; le zinc, 2 fr., et l'étain, 1 fr. 95 :
comment peut-on combiner ces métaux pour faire
une cloche de 3425 kilogrammes et ne coûtant que
7427 fr. 50 c. ?

CCXIX. Un marchand de thé en a de deux espèces:
l'une qu'il peut donner à 14 fr. le kilogramme, et
l'autre à 18 fr. : combien doit-il prendre de chaque
espèce pour en former une caisse de 100 kilogrammes,
qui vaille 1680 fr. ?

CCXX. Combien faut-il prendre de vin à 0,23 le
litre pour faire, avec d'autre vin qui vaut 0 fr. 28 et
d'autre encore qui vaut 0,37, un mélange qu'on puisse
vendre 0 fr. 325 le litre et gagner encore 12 0/0 ?

CCXXI. Combien peut-on faire de pièces de 5 fr. avec 3 kilogrammes 60 grammes d'argent pur ?

CCXXII. Combien fera-t-on de pièces de 20 fr. avec 1 kilogramme d'or pur ?

CCXXIII. Quelle est la quantité d'argent pur que renferme une somme de 11980 fr. ?

CCXXIV. Combien faut-il ajouter d'alliage à un lingot d'argent pur, pesant 17 kil. 928 grammes, et combien fera-t-on de pièces de 2 fr. après l'alliage ?

CCXXV. Quelle somme formerait-on avec ce même lingot, s'il était d'or pur ?

CHAPITRE IX.

Des puissances des nombres et de leurs racines.

204. Notre tâche devrait être terminée, car nous croyons avoir traité avec des développements suffisants toutes les questions d'arithmétique qu'il importe de connaître. Si nous n'avons pas donné de longues et scientifiques démonstrations; si surtout nous 'avons légèrement et à dessein passé sur certaines théories, c'est que nous n'avons pas perdu de vue un seul instant que notre intention était de composer, non pas un traité complet de la science des nombres, mais un traité *élémentaire,* à l'usage des élèves des écoles et des personnes qui ont besoin de *pratiquer* le calcul et de le comprendre.

Cependant, il est encore souvent nécessaire de savoir calculer la *racine carrée* d'un nombre, quelquefois sa *racine cubique.* Pour ne rien omettre de ce qu'il est essentiel de connaître, sans sortir pourtant du cadre que nous nous sommes tracé, nous terminerons par un exposé de la formation des puissances des nombres, et de l'extraction des racines.

Nous y ajouterons un sommaire de la théorie des proportions.

Il est bien entendu que ces deux derniers chapitres doivent être considérés comme un appendice à notre Arithmétique pratique, et qu'on pourra très bien se dispenser de les expliquer dans les écoles.

205. Nous avons dit (n.º 68) que, dans une multiplication, le produit prend le nom de *carré*, lorsque les deux facteurs sont égaux. Nous ajouterons que, dans ce cas, le nombre qui sert en même temps de multiplicande et de multiplicateur s'appelle la *racine carrée* du produit.

Ainsi, 64 est le carré de 8, puisque $8 \times 8 = 64$. De même, 97344 est le carré de 312, puisque $312 \times 312 = 97344$; et 22382361 est le carré de 4731.

D'un autre côté, 8 est dit la racine carrée de 64; 312 est celle de 97344; et enfin 4731 est celle de 22382361.

En général, *le carré d'un nombre est le produit de ce nombre multiplié par lui-même;*

Et *la racine carrée d'une quantité est le nombre qui, multiplié par lui-même, reproduit cette quantité.*

206. Si on multiplie encore le carré d'un nombre par la racine, ou, en d'autres termes, si un nombre est employé trois fois comme facteur, le dernier produit exprime le *cube* ou la 3.ᵉ puissance de ce nombre.

Ainsi, 512 est le cube de 8, puisque $8 \times 8 \times 8 = 512$; et 91125 est le cube de 45, puisque $45 \times 45 \times 45 = 91125$.

Réciproquement, 8 est la racine cubique de 512, comme 45 est celle de 91125, comme 10 est celle de 1000.

En général, *le cube d'un nombre est le produit de ce nombre multiplié deux fois par lui-même, ou pris trois fois comme facteur;*

Et *la racine cubique d'une quantité est le nombre*

qui, multiplié deux fois par lui-même, reproduit cette quantité.

207. En multipliant le cube d'un nombre par la racine, on obtient la 4.e puissance de ce nombre; en multipliant la 4.e puissance par la racine, on obtient la 5.e puissance, et ainsi de suite.

208. On indique la puissance d'un nombre par un chiffre écrit à la droite et un peu au-dessus du dernier chiffre; 47^2 indique le carré ou la 2.e puissance de 47; et 138^5 indique la 5.e puissance de 138.

On se sert, pour indiquer la racine d'une quantité, du signe $\sqrt{\ }$, appelé *radical*, et dont le trait horizontal se prolonge sur toute la quantité dont on indique qu'il faut extraire la racine; et, lorsqu'il s'agit d'autre racine que de la racine carrée, on place dans l'ouverture du radical un chiffre qui fait connaître le degré de la racine demandée. Ainsi, $\sqrt{144}$ exprime la racine carrée de 144; et $\sqrt[3]{512}$ indique la racine cubique de 512.

Si, par des multiplications successives, on obtient facilement les diverses puissances d'un nombre donné, l'opération pour extraire une racine demandée d'une quantité connue présente plus de difficultés. Nous ne nous occuperons que de l'extraction des racines carrées et de celle des racines cubiques, les seules qu'il nous importe de connaître.

———

209. La table de multiplication donne le moyen de connaître, sans calcul, quel est le carré de tout

nombre exprimé par un seul chiffre; et, au moins par approximation, quelle est la racine carrée de toute quantité inférieure à 100. On sait ainsi que $4^2 = 16$, que $7^2 = 49$; que $\sqrt{81} = 9$, et que $\sqrt{60} > 7$ et < 8.

Si l'on fait attention que $\sqrt{100} = 10$, puisque $10 \times 10 = 100$, on reconnaîtra aisément que la racine carrée d'un nombre plus grand que 100 est elle-même plus forte que 10, et qu'elle contient nécessairement des dizaines et des unités. Or, d'après les principes de la multiplication (n.º 70) et d'après ce qui précède, puisque, pour obtenir le carré d'un nombre, il faut multiplier successivement tous les chiffres du multiplicande par chaque chiffre du multiplicateur, il est évident que, pour élever 48 au carré, il faut : 1.º multiplier 8 par 8, ou former le carré des unités ; 2.º multiplier 4 dizaines par 8 unités, puis 8 unités par 4 dizaines, ou former deux fois le produit des dizaines par les unités ; 3.º multiplier 4 par 4, ou former le carré des dizaines.

Observons que le carré des dizaines ne peut exprimer que des centaines ; que le produit des dizaines multipliées par des unités ne peut exprimer moins que des dizaines.

Tous ces résultats se déduisent de la nature même de la multiplication, et ils sont vrais, quel que soit le nombre d'unités et de dizaines que renferme la quantité dont on veut obtenir le carré, lors même qu'il y a assez de dizaines pour former des centaines et des mille ? D'où l'on déduit le principe suivant:

Le carré d'un nombre composé de dizaines et d'unités, contient nécessairement: 1.º le carré des di-

zaines; 2.º *le double produit des dizaines multipliées par les unités;* 3.º *le carré des unités.*

Ce principe est général, et le carré d'une quantité quelconque, mais composée de deux parties, contient toujours le carré de la première partie, le double produit de la première partie multipliée par la seconde, et le carré de la seconde partie.

210. Nous déduirons de ce principe le procédé pour extraire la racine carrée d'un nombre plus fort que 100.

Soit proposé $\sqrt{2025}$; la racine carrée de ce nombre, évidemment plus forte que 10, contiendra des dizaines et des unités. Le nombre est donc formé lui-même du carré des dizaines de la racine, qui ne peut se trouver que dans les 20 centaines de 2025 ; du double produit des dizaines multipliées par les unités, qui ne peut se trouver que dans les dizaines et les centaines ; du carré des unités qui ne peut se trouver que dans les unités et les dizaines.

Mais remarquons d'abord que les centaines provenant du produit du double des dizaines multipliées par les unités, ne sauraient augmenter même de 1 le chiffre des dizaines de la racine, puisque des dizaines multipliées par des unités donnent toujours un produit moindre que celui de ces mêmes dizaines umltipliées par 10 ou par une seule dizaine.

Le carré des dizaines se trouve donc dans les 20 centaines de 2025. Or, le plus grand carré contenu dans 20 est 16, dont la racine est 4. Donc la racine cherchée contient 4 dizaines.

Si de 20 centaines on retranche 16, le reste 4 centaines, ajouté aux 2 dizaines de 2025, donne 42 dizaines, où doit nécessairement se trouver le produit du double des dizaines de la racine multiplié par les unités. Donc, en divisant ce nombre 42 par 2 fois 4 ou 8, le quotient 5 fait connaître les unités de la racine.

La racine carrée de 2025 est donc 45. En effet, $45 \times 45 = 2025$.

On peut encore vérifier le chiffre des unités en l'écrivant à la droite du double des dizaines, et multiplier le nombre qui en résulte par le chiffre des unités : on obtient par là le produit du double des dizaines par les unités et le carré des unités : deux parties qui restaient dans 2025 après qu'on en a eu retranché le carré des dizaines. En effet, $2025 - 1600 = 425$, et $85 \times 5 = 425$.

Les calculs se disposent comme il suit :

$$
\begin{array}{r|l}
20.25 & 45 \\
16 & \overline{85} \\
\hline
42,5 & 5 \\
42\ 5 & \overline{425} \\
\hline
0\ \ 0 &
\end{array}
$$

211. Soit encore proposé d'extraire la racine carrée de 74278.

Le carré des dizaines de la racine est contenu dans les 742 centaines de ce nombre. Mais 742 étant plus fort que 100, sa racine carrée doit être supérieure à 10, et contenir par conséquent des dizaines de dizaines et des unités de dizaines. Il faut donc, en suivant le procédé du n° 210, extraire d'abord la racine carrée de 742 :

$$
\begin{array}{r|l}
7.42 & 27 \\
4 & \overline{47} \\
\hline
34,2 & 7 \\
329 & \overline{329} \\
\hline
13 &
\end{array}
$$

L'opération ne se termine pas exactement et elle donne un reste 13. Ce reste indique que les 742 centaines du nombre 74278, contiennent, outre le carré des 27 dizaines de la racine demandée, 13 centaines qui proviennent du produit du double de 27 dizaines multipliées par les unités. Les 7 dizaines du nombre 74278, ajoutées à ces 13 centaines, donnent un total de 137 dizaines qui contiennent le produit du double des dizaines multipliées par les unités. Donc en divisant 137 par deux fois 27 ou 54, le quotient 2 indique le nombre d'unités que doit avoir la racine. Donc la racine demandée est 272.

$$\text{Mais } 272 \times 272 = 73984 < 74278.$$
$$\text{Et } 273 \times 273 = 74529 > 74278.$$

La véritable racine carrée de 74278 est donc comprise entre 272 et 273 ; c'est-à-dire qu'elle est 272 plus une fraction. Il est à remarquer que cette fraction ne saurait être assignée; car il est un principe (que l'on démontrerait s'il était nécessaire), que le *carré d'un nombre fractionnaire ne peut jamais être un nombre entier.*

On dispose les calculs comme il suit;

7.42.78	272
4	47
34,2	7
329	329
137,8	542
1084	2
294	1084

212. Le reste 294 est plus fort que la racine trouvée 271 ; on pourrait craindre dès-lors d'avoir une

racine trop faible. Mais si l'on fait attention que 273 peut se décomposer en 272 + 1, et que, d'après le principe général du n° 209, le carré de 272 + 1 est égal au carré de la première partie 272, augmenté de 2 fois le produit de 272 multiplié par la seconde partie 1, et du carré de 1, ou 1 : on reconnaîtra facilement, en généralisant cette observation, que *la différence entre les carrés de deux nombres consécutifs est toujours égale au double du plus petit nombre, plus 1.*

Dès-lors il faut, pour que les restes successifs qu'on obtient en extrayant la racine carrée d'un nombre soient trop forts, qu'ils soient au moins égaux au double de la partie de la racine déjà déterminée, augmentée de 1. Ce qui n'a pas lieu dans l'exemple ci-dessus.

213. Si l'on veut évaluer par approximation et en fraction décimale, le complément de la racine carrée d'un nombre entier, lorsque l'opération n'a pu se terminer sans reste, il suffit d'ajouter au nombre proposé autant de fois deux 0 qu'on veut avoir de chiffres décimaux à la racine.

En effet, puisque $0,1 \times 0,1 = 0,01$; que $0,01 \times 0,01 = 0,0001$, etc., il s'en suit que lorsque la racine carrée d'un nombre doit avoir des dixièmes, le carré doit contenir des centièmes; que lorsque la racine doit avoir des centièmes, le carré doit contenir des dix-millièmes, etc.; ou, en d'autres termes, que le carré doit avoir le double des chiffres décimaux de la racine. Le reste de l'opération doit donc être converti d'abord en centièmes, pour qu'on puisse obtenir des dixièmes à la racine; puis, ce qui reste de centièmes, en dix-millièmes, pour qu'on puisse avoir des centièmes à la racine, et ainsi de suite. Mais, comme nous l'avons déjà fait observer, quelque loin qu'on pousse l'opération, on trouvera toujours un reste.

D'après cela, l'extraction de la racine carrée de 74278, à 0,001 près, s'effectuera de la manière suivante :

7.42.78.00.00.00	272,539
4	
34,2	47
329	7
137,8	329
1084	542
2940,0	2
27225	1084
21750,0	5445
163509	5
539910,0	27225
4905624	54503
493479	3
	163509
	545069
	9
	4905624

214. De tout ce qui précède, nous déduisons la règle générale suivante : *Pour extraire la racine carrée d'un nombre composé de plus de deux chiffres, on écrit ce nombre comme s'il s'agissait de le diviser par un autre, et l'on réserve, pour y écrire successivement les chiffres de la racine, la place qu'occuperait le diviseur. Après avoir partagé le nombre en tranches de deux chiffres chacune, en allant de droite à gauche, on cherche quel est le plus grand carré contenu dans la première tranche à gauche. Cette première tranche peut n'avoir qu'un*

chiffre. On écrit la racine de ce plus grand carré à la place indiquée, et l'on retranche son carré de la première tranche à gauche A côté du reste, qui doit toujours être moindre que le double du chiffre de la racine augmenté de 1, on abaisse la deuxième tranche, et l'on sépare par un point le dernier chiffre à droite. On divise le nombre qui reste par le double de la racine déjà trouvée, et l'on écrit le chiffre trouvé pour quotient, d'abord à la droite du premier chiffre de la racine, ensuite à la droite de ce qui a servi de diviseur, et l'on multiplie par ce même chiffre le diviseur ainsi augmenté. Le produit se retranche de tout le dividende partiel, y compris le chiffre à droite qu'on avait séparé par un point. A la droite du reste, qui doit être moindre que le double de toute la racine trouvée augmenté de 1, on abaisse la tranche suivante, et l'on répète la même opération. On abaisse ainsi successivement toutes les autres tranches.

S'il arrive qu'après avoir abaissé une tranche, et séparé par un point le dernier chiffre à droite, ce qui reste pour dividende ne contient pas le double de la racine, on met un 0 à la suite des chiffres déjà trouvés à la racine, et l'on abaisse la tranche suivante.

Enfin, si, après avoir abaissé la dernière tranche à droite, l'opération ne se fait pas sans reste, on peut continuer en supposant écrites à la droite du nombre des tranches de deux 0 chacune, et l'on obtiendra ainsi une fraction décimale qui servira de complément à la racine.

Nous proposons pour exercices de chercher la racine carrée des nombres suivants :

147	28045	67830781
5070	94384	8473490

215. Nous avons déjà fait observer au n° 213 que le carré d'un nombre décimal contient toujours deux fois plus de chiffres décimaux que la racine. Par conséquent, pour qu'une quantité décimale puisse être considérée comme un carré, il faut qu'elle contienne un nombre pair de chiffres décimaux. Dans le cas où le nombre de chiffres décimaux serait impair, on ajouterait un 0 à la droite, et l'on procèderait comme sur les nombres entiers, ayant soin de placer la virgule à la racine, de manière qu'elle ne contienne que la moitié des chiffres décimaux qui se trouvent au carré.

Lorsqu'il s'agit d'extraire la racine carrée d'une fraction décimale, il peut arriver qu'après avoir rendu pair le nombre des chiffres à la droite de la virgule, et après avoir retranché cette dernière pour opérer comme il vient d'être dit, il ne reste qu'un nombre insuffisant pour donner autant de tranches que la racine doit avoir de chiffres décimaux. Dans ce cas, après avoir déterminé la racine du nombre qui reste, on la fait précéder d'autant de zéros qu'il en faut pour que la virgule soit replacée convenablement.

On trouve ainsi que $\sqrt{0,357} = \sqrt{0,3570} = 0,59$ à 0,01 près. Que $\sqrt{0,00086} = \sqrt{0,00860} = 0,049$.

---

216. Pour élever une fraction ordinaire au carré, il faut la multiplier par elle-même, c'est-à-dire qu'il faut élever successivement les deux termes au carré. Donc, pour extraire la racine carrée d'une fraction, il faut séparément extraire celle du numérateur et celle du dénominateur.

9*

Mais il arrive rarement que les termes d'une fraction soient des carrés parfaits; alors on n'a qu'approximativement la racine demandée. On peut alors, soit pour abréger le calcul, soit pour obtenir une racine plus exacte, multiplier les deux termes de la fraction par le dénominateur; ce qui ne change pas la valeur de la fraction et rend le dénominateur un carré parfait dont le premier dénominateur est la racine. Il ne reste plus qu'à extraire la racine carrée du numérateur ainsi multiplié par le dénominateur.

En effet,
$$\sqrt{\frac{12}{17}} = \sqrt{\frac{12 \times 17}{172}} = \frac{\sqrt{12 \times 17}}{17} = \frac{\sqrt{204}}{17} = \frac{14}{17} \text{ à } \frac{1}{17} \text{ près.}$$

217. Il suit de là que, pour avoir la racine carrée d'un nombre entier, à une fraction près, il faut multiplier le nombre entier par le carré du dénominateur de la fraction donnée, et extraire la racine du produit. Ainsi:
$$\sqrt{164} \text{ à } \frac{1}{7} \text{ près} = \sqrt{\frac{164 \times 7^2}{7^2}} = \frac{\sqrt{164 \times 49}}{7} = \frac{\sqrt{8036}}{7} = \frac{89}{7} \text{ à } \frac{1}{7} \text{ près.}$$

On s'exercera à extraire la racine carrée des fractions suivantes:

1.° *Fractions ordinaires :*

8,35; 0,064; 0,00007; 0,10004.

2.° *Fractions décimales :*

$$\frac{43}{67};\ \frac{124}{913};\ \frac{5479}{73450};\ \frac{381073}{8277253}.$$

On cherchera également la racine carrée de 7815 à

$\frac{1}{29}$ près; celle de 454017 à $\frac{1}{35}$ près; celle de $\frac{3}{4}$ à $\frac{1}{23}$ près ; celle de 0,543 à $\frac{1}{154}$ près, etc.

PROBLÈMES.

CCXXVI. Un champ, de forme carrée, contient 17 hectares 22 ares 6 centiares : combien a-t-il de mètres de côté?

CCXXVII. On veut construire une salle de classe qui soit carrée, et qui puisse contenir 95 élèves. Si pour chaque enfant il faut un carré de 0 m. 70 de côté, quelle devra être la longueur de la salle?

CCXXVIII. Il faut, pour construire le plancher d'une chambre carrée, autant de planches que pour une autre chambre qui a 7 mètres 45 de longueur sur 4 m. 75 de largeur; mais on désire que, pour la chambre carrée, les planches soient de toute longueur, et qu'on n'en emploie que 6: quelles dimensions devront avoir ces planches?

CCXXIX. Un châle carré, de 21 décimètres de côté, contient 324 dessins pareils , encadrés chacun dans des carrés de 0,1 de côté : quelle est la dimension de la bordure ?

CCXXX. On veut former un carré plein avec 15129 boulets de 0 m. 12 c. de diamètre, et alignés à terre à côté les uns des autres de manière que les diamètres soient sur une même ligne. Combien y en aura-t-il sur chaque face et quelle longueur doit avoir chaque côté du carré ?

CCXXXI. Une personne laisse en mourant une fortune de 169,000 francs; après s'être partagé cette fortune par égales portions, les héritiers reconnaissent qu'ils ont chacun autant de mille francs qu'ils sont d'héritiers en tout. Combien étaient-ils d'héritiers, et combien chacun a-t-il eu de mille francs?

CCXXXII. Quelle surface carrée couvrirait le budget de la France, si on le suppose de 1,864,785,260 francs, et représenté par des pièces de 5 francs alignées à côté les unes des autres, et ayant leur diamètre sur une ême ligne? Combien faudrait-il de pièces pour former un côté du carré?

CHAPITRE X.

Du cube et de la racine cubique.

218. Puisque, pour obtenir le cube ou la troisième puissance d'un nombre, il suffit de multiplier le carré par la racine, et que, lorsque la racine contient des dizaines et des unités, le carré se forme du carré des dizaines, du double produit des dizaines multipliées par les unités, et du carré des unités, il est évident qu'en multipliant successivement ces trois parties du carré, d'abord par les unités, ensuite par les dizaines de la racine, on obtiendra le cube demandé. Or, en suivant ce dernier procédé et en remarquant avec soin chacun des produits partiels qu'on obtiendra, il ne sera pas difficile de reconnaître que le cube se formera des quatre parties suivantes :

1.º Du cube des dizaines de la racine ;

2.º De trois fois le produit du carré des dizaines multiplié par les unités ;

3.º De trois fois le produit des dizaines multiplié par le carré des unités ;

4.º Du cube des unités.

La connaissance de cette composition du cube est nécessaire pour comprendre le procédé qu'on suit pour trouver la racine cubique d'un nombre.

219. Il est important de savoir quel est le cube des nombres exprimés par un seul chiffre. Or $1^3 = 1$; $2^3 = 8$; $3^3 = 27$; $4^3 = 64$; $5^3 = 125$; $6^3 = 216$; $7^3 = 343$; $8^3 = 512$; $9^3 = 729$.

Observons que les nombres exprimés par un seul chiffre en ont 3 au plus au cube; et que 10, le plus petit nombre de deux chiffres, en a déjà quatre; car $10^3 = 1000$.

220. L'indication qui précède suffit pour trouver la racine cubique de toute quantité inférieure à 1000. Ainsi nous savons que $\sqrt[3]{216} = 6$, que $\sqrt[3]{500} < 8$ et > 7.

Mais supposons qu'il s'agisse de chercher la racine cubique d'un nombre plus fort que 1000, par exemple de 32768. La racine cubique de ce nombre, évidemment plus forte que 10, contiendra des dizaines et des unités. Ce nombre est donc formé lui-même du cube des dizaines qui ne peuvent se trouver que dans les mille; de trois fois le produit du carré des dizaines multiplié par les unités, qui ne peut se trouver que dans les centaines; et des deux autres parties indiquées au n.º 218.

Le cube des dizaines de la racine se trouve donc dans les 32 mille de 32768. Or, le plus grand cube contenu dans 32 est 27, dont la racine est 3. Donc la racine cherchée contient 3 dizaines; et si du nombre entier 32768 nous retranchons 27 mille, cube de 3 dizaines, le reste exprimera les trois autres parties du cube. $32768 - 27000 = 5768$.

Remarquons que les 5 mille qui restent, et provenant des autres parties du cube, ne sauraient donner une dizaine de plus à la racine; et qu'en général ces retenues ne peuvent faire changer le chiffre des dizaines de la racine; car des dizaines, même élevées au carré, multipliées par des unités, donnent un produit moindre que celui de ces mêmes dizaines multipliées par 10 ou une seule dizaine.

5768 ne contient donc plus que le triple produit du carré des dizaines multiplié par les unités, qui ne peut se trouver que dans les 57 centaines et les deux autres parties. Donc, si l'on divise 57 par trois fois le carré des 3 dizaines déjà déterminées, le quotient fera connaître le chiffre des unités. Or, 3 fois $3^2 = 27$, et $57 : 27 = 2$; donc 2 est le chiffre des unités de la racine, et 32 est la racine cubique de 32768. En effet, $32 \times 32 \times 32 = 32768$.

Les calculs se disposent comme il suit :

$$
\begin{array}{r|l}
32768 & 32 \\
27 & \\
\hline
 & 27 \\
57 & \quad 32 \\
32768 & \quad 32 \\
\hline
0 & \quad 64 \\
 & \quad 96 \\
\hline
 & 1024 \\
 & \quad 32 \\
\hline
 & 2048 \\
 & 3072 \\
\hline
 & 32768
\end{array}
$$

221. Soit encore proposé d'extraire la racine cubique de 14765249. Le cube des dizaines de la racine est contenu dans les 14765 mille de ce nombre. Mais 14765 est plus fort que 1000 ; sa racine cubique doit donc être supérieure à 10, et par conséquent contenir elle-même des dizaines de dizaines et des unités de dizaines. Il faut, en suivant le procédé indiqué au n° précédent, extraire la racine cubique de 14765. On trouvera qu'elle est égale à 24 dizaines, plus un reste 944 mille.

— 208 —

Si, à ce reste 941 mille, on ajoute les 219 unités du nombre total, on aura 941219, égal au nombre proposé moins le cube des 24 dizaines déjà déterminées. Dans ce nombre 941219, se trouve d'abord le triple produit du carré des 24 dizaines multiplié par les unités et qui ne peut être que dans les centaines : donc, si l'on divise les 9412 centaines de 941219 par 3 fois le carré de 24, on obtiendra pour quotient le chiffre des unités de la racine. Or, $3 \times 24^2 = 1728$, et $9412 : 1728 = 5$: donc la racine cubique de 14765219 est 245.

Mais $245^3 = 14706125 < 14765219$
et $\quad 246^3 = 14886936 > 14765219$.

La véritable racine cubique cherchée est donc un peu plus forte que 245, mais plus faible que 246; c'est-à-dire qu'elle est 245 plus une fraction, qu'on ne saurait jamais assigner (n.° 214).

Voici les calculs de cette dernière opération :

14765219	245	24	245
8	12	24	245
67		96	1225
14765		48	980
13824	1728	576	490
9412		24	60025
14765219		2304	245
14706125		1152	300125
59094		13824	240100
			120050
			14706125

222. Les restes qu'on obtient en retranchant le

cube de la racine déjà trouvée, de la partie à gauche du nombre proposé, jusques et y compris la dernière tranche abaissée, sont ordinairement beaucoup plus forts que la racine elle-même. Mais nous devons faire observer que *la différence entre les cubes de deux nombres consécutifs est toujours égale à 3 fois le carré du plus petit nombre augmenté de 3 fois ce même nombre et de 1.*

En effet, le cube de 245 étant 245^3, celui de $245+1$ est égal, d'après ce qui a été dit au n.° 218, à $245^3+3\times245^2\times1+3\times245\times1^2+1^3$; ou, ce qui revient au même (puisque toute puissance de $1=1$ et que tout nombre multiplié par 1 ne change pas), à $245^3+3\times245^2+3\times245+1$. Donc, la différence entre le cube de 245 et celui de $245+1$, ou 246, est de 3 fois 245^2, plus 3 fois 245, plus 1.

Il suit de là que la racine trouvée n'est pas trop faible, toutes les fois que le reste de l'opération est moindre que 3 fois le carré de cette racine, plus 3 fois cette racine, plus 1.

La racine serait trop forte si son cube ne pouvait être soustrait de l'ensemble des tranches sur lesquelles on a déjà opéré.

223. Si l'on veut évaluer par approximation et en fraction décimale le complément de la racine cubique d'un nombre entier, lorsque l'opération n'a pu se terminer sans reste, il suffit d'ajouter au nombre proposé autant de tranches de trois 0 chacune qu'on veut obtenir de chiffres décimaux à la racine.

En effet, puisque $0,1\times0,1\times0,1=0,001$; que $0,01\times0,01\times0,01=0,000001$, etc., il s'en suit que lorsque la racine cubique d'un nombre doit avoir

des dixièmes, le cube doit contenir des millièmes ;
que lorsque la racine a des centièmes, le cube doit
avoir des millionièmes, et ainsi de suite ; de manière que le nombre des chiffres décimaux est toujours triple de celui de la racine. On convertira
donc le reste de l'opération en millièmes, pour
avoir des dixièmes à la racine ; en millionièmes, si
l'on veut avoir des centièmes ; etc.

224. De tout ce qui précède, nous déduisons la
règle générale suivante :

*Pour extraire la racine cubique d'un nombre
composé de plus de 3 chiffres, on écrit ce nombre
comme s'il s'agissait de le diviser par un autre,
et on réserve, pour y écrire successivement les chiffres de la racine, la place qu'occuperait le diviseur. Après avoir partagé le nombre en tranches de
3 chiffres chacune, en allant de droite à gauche,
on cherche quel est le plus grand cube contenu dans
la 1re tranche à gauche ; cette tranche peut n'avoir
que deux et même qu'un chiffre. On écrit la racine
de ce plus grand cube à la place indiquée, et le cube se
soustrait de la 1re tranche à gauche. A côté du reste,
on abaisse le premier chiffre à gauche de la 2e tranche, et l'on divise le nombre qui en résulte par trois
fois le carré du chiffre déjà trouvé de la racine.
On obtient par approximation le second chiffre de
la racine, qu'on écrit à la droite du premier. Pour
vérifier si ce chiffre n'est pas trop fort ou trop
faible, on élève toute la racine au cube, et on retranche ce cube des deux premières tranches à gauche du nombre proposé. Si le cube de la racine est
plus fort que le nombre formé des deux premières
tranches, il faut diminuer cette racine d'une unité,*

quelquefois de deux. Mais si la soustraction peut se faire, il faut que le reste soit moindre que trois fois le carré de la racine augmenté de trois fois cette même racine et de 1. A la droite du reste, quand il n'est pas trop fort, on abaisse le 1.er chiffre à gauche de la 3e tranche ; et l'on divise le nombre qui en résulte par 3 fois le carré de la racine déjà trouvée. On obtient ainsi le troisième chiffre de la racine, que l'on vérifie encore en élevant toute la racine au cube, et en retranchant ce cube de l'ensemble des trois premières tranches à gauche du nombre proposé ; et ainsi de suite.

S'il arrive qu'après avoir abaissé le premier chiffre de la tranche suivante, le nombre qui doit servir de dividende ne contient pas le triple carré de la racine déjà trouvée, on met un 0 à la racine et on abaisse, outre le reste de la tranche, le 1.er chiffre de la tranche suivante.

Enfin, si, après avoir opéré sur tout le nombre, il y a un reste, on ajoute au nombre proposé autant de tranches de trois 0 qu'on désire avoir de chiffres décimaux à la racine, et on continue d'opérer comme il vient d'être dit.

On pourra s'exercer à extraire la racine cubique des nombres suivants :

43745	604037	9182736450
20474	513924	1743054348

---

225. Il suit des principes de la multiplication des nombres décimaux (n.° 76), que, lorsque la racine contient des dixièmes, le cube doit nécessairement contenir des millièmes ; que lorsque la racine contient des centièmes, le cube doit nécessairement

contenir des millionièmes; et qu'en général le cube contient toujours trois fois plus de chiffres décimaux que sa racine. Par conséquent, pour qu'un nombre décimal puisse être considéré comme un cube, il faut qu'il contienne, ou 3, ou 2 fois 3, ou 3 fois 3, ou 4 fois 3 chiffres décimaux, etc.; et, dans le cas où le nombre de chiffres placés à la droite de la virgule ne serait pas un multiple de 3, il faudra ajouter un ou deux 0; alors le nombre pourra être regardé comme étant le cube d'une quantité décimale. On extraira sa racine comme celle des nombres entiers, en ayant soin de placer la virgule à la racine, de manière qu'elle ne renferme que le tiers des chiffres décimaux qui se trouvent au cube.

Lorsqu'il s'agit d'une fraction décimale, il peut arriver qu'après avoir rendu triple le nombre des chiffres décimaux, et après avoir fait abstraction de la virgule pour opérer comme sur les nombres entiers, il ne reste qu'un nombre insuffisant pour donner autant de tranches que la racine doit contenir de chiffres décimaux. Alors, après avoir déterminé la racine cubique du nombre qui reste, on la fait précéder d'autant de 0 qu'il en faut pour que la virgule puisse être placée convenablement.

On trouvera, en procédant ainsi qu'il vient d'être dit, que $\sqrt[3]{0,001728} = 0,12$; que $\sqrt[3]{0,2621440} = \sqrt[3]{0,262144000} = 0,640$; que $\sqrt[3]{0,0029} = \sqrt[3]{0,002900} = 0,14$ à $0,01$ près.

226. Pour élever une fraction ordinaire au cube, il faut la multiplier deux fois par elle-même ; c'est-à-dire qu'il faut élever successivement ses deux termes au cube. Il suffit donc, pour extraire la racine cubique d'une fraction, d'extraire séparément celle du numérateur et celle du dénominateur.

Il arrive rarement que les termes d'une fraction soient des cubes parfaits : on n'obtient donc qu'approximativement la valeur de la racine. Mais on peut abréger l'opération et obtenir un résultat plus exact, en multipliant auparavant les deux termes de la fraction par le carré du dénominateur, ce qui ne change point la valeur de la fraction et rend le dénominateur un cube parfait dont le dénominateur premier est la racine. Il ne reste plus dès-lors qu'à extraire la racine cubique du produit du numérateur multiplié par le carré du dénominateur.

D'après cela, $\sqrt[3]{\dfrac{7}{9}} = \sqrt[3]{\dfrac{7 \times 92}{91}} = \sqrt[3]{\dfrac{7 \times 81}{9}}$

$\dfrac{8}{9}$ à $\dfrac{1}{9}$ près ; $= \sqrt[3]{\dfrac{43}{120}} = \sqrt[3]{\dfrac{43 \times 120^2}{120^3}} =$

$\sqrt[3]{\dfrac{5160}{120}} = \dfrac{17}{120}$ à $\dfrac{1}{120}$ près, etc.

On s'exercera à extraire les racines cubiques des fractions suivantes :

1.° Fractions décimales :

0,3294 ; 0,00431 ; 0,0000847.

2.° Fractions ordinaires :

$\dfrac{12}{375}$; $\dfrac{4701}{910274}$; $\dfrac{8734083}{945074319}$.

On extraira également la racine cubique de 13524966 à $\frac{1}{7}$ près, celle de 1042573, à $\frac{1}{125}$ près; celle de $\frac{1}{15}$ à $\frac{1}{24}$ près; celle de 0,3459 à $\frac{1}{189}$ près, etc.

PROBLÈMES.

CCXXXIII. On veut creuser un réservoir de forme cubique, et pouvant contenir 51200 hectolitres d'eau: quelles seront les dimensions de ce réservoir?

CCXXXIV. Un marchand bimbelotier veut expédier une caisse de 3300 dés à jouer, ayant chacun 0 ᵐ· 012 de côté; quelles seront les dimensions de la caisse si on lui donne à elle-même la forme d'un dé.

CCXXXV. Les salines de Montmorot produisent, terme moyen, 367 quintaux métriques de sel par jour, et le quintal métrique de ce sel peut être représenté par un cube de 0 m. 25 c. de longueur dans ses côtés. Si tout le sel extrait dans un an était amoncelé de manière à former un tas aussi haut que long et aussi long que large, quelle serait la hauteur de cet amas?

CCXXXVI. Quelle longueur faudrait-il donner à la base d'un bûcher qui devrait avoir la forme cubique et contenir 1500 stères de gros bois?

CCXXXVII. Pour ferrer une route, on a besoin de 13450 mètres cubes de pierre; quelle sera la profondeur du creux cubique qu'on devra pratiquer dans la carrière pour en extraire cette quantité de pierre?

CCXXXVIII. On a calculé que la solidité de la terre est de 102,988,968,374,656 mètres cubes; si, au lieu d'être ronde, la terre avait la forme d'un cube, quelle-serait la longueur de sa base?

CHAPITRE XI.

Des proportions.

227. *Définitions.* Le *rapport* de deux nombres est le résultat de leur comparaison.

Il y a deux sortes de rapports : celui qu'on obtient en cherchant combien un nombre contient d'unités de plus qu'un autre, et qu'on appelle *rapport par différence* ou *rapport arithmétique;* et celui qu'on obtient en cherchant combien de fois un nombre contient un autre, et qu'on appelle *rapport par quotient* ou *rapport géométrique.*

Le premier des deux nombres que l'on compare entre eux est dit *l'antécédent* du rapport; l'autre, son *conséquent.*

Le rapport arithmétique de 12 à 4 est 8, car $12 - 4 = 8$; et leur rapport géométrique est 3, car $12 : 4 = 3$. Dans l'un et l'autre cas, 12 est l'antécédent du rapport, 4 en est le conséquent.

228. Le rapport arithmétique entre deux nombres est positif si l'antécédent est plus fort que le conséquent; il est égal à 0 si les deux nombres sont égaux, et il est négatif si l'antécédent est plus faible que le conséquent. En effet, $12 - 4 = 8$; $1 - 12 = 0$; et $12 - 15 = - 3$.

Le rapport géométrique est entier ou fractionnaire, si l'antécédent est plus fort que le conséquent; il est toujours égal à 1 lorsque les deux nombres sont égaux; il est exprimé par une fraction lorsque l'antécédent est plus faible que le conséquent. En

effet, $12 : 4 = 3$; $12 : 8 = \dfrac{12}{8} = 1 + \dfrac{1}{2}$; $12 : 12$
$= 1$; $12 : 17 = \dfrac{12}{17}$.

Il faut remarquer que tout rapport géométrique peut être exprimé par une fraction dont l'antécédent devient le numérateur et le conséquent le dénominateur.

Un point placé entre deux nombres indique leur rapport arithmétique; deux points indiquent leur rapport géométrique.

229. Il suit des principes que nous avons développés en traitant de la soustraction et de la division des nombres entiers, 1.º qu'on ne change point le rapport arithmétique de deux nombres en augmentant ou en diminuant également l'un et l'autre; 2.º que le rapport géométrique reste le même, soit qu'on multiplie, soit qu'on divise les deux termes du rapport par un même nombre.

---

230. *Une proportion est l'expression de deux rapports égaux.* Si les rapports sont arithmétiques, la proportion prend elle-même le nom de proportion arithmétique; et si les rapports sont géométriques, la proportion est dite proportion géométrique.

Les deux rapports égaux doivent être écrits à la suite l'un de l'autre et séparés seulement par deux points si la proportion est arithmétique, et par quatre points, si elle est géométrique.

$12 . 8 : 15 . 11$ est une proportion arithmétique; et $12 : 8 :: 15 : 10$ est une proportion géométrique.

Dans les deux cas, on dit que le premier nombre *est au* second *comme* le troisième *est au* quatrième.

Le 1.*er* et le 4.*e* nombre sont les *termes extrêmes*, ou simplement les *extrêmes* de la proportion; le 2.*e* et le 3.*e* en sont les *termes moyens*, ou simplement les *moyens*.

231. *Dans une proportion arithmétique, la somme des extrêmes est égale à celle des moyens.* Ainsi, dans la proportion 12 · 8 : 15 · 11, nous disons que 12 + 11 = 8 + 15.

En effet, puisque les deux rapports sont égaux, on a 12 — 8 = 15 — 11. Si à ces deux quantités égales on ajoute la somme des conséquents 8 + 11, on aura 12 — 8 + 8 + 11 = 15 — 11 + 8 + 11 ; et, en effaçant d'un côté + 8 — 8 qui se détruisent, de l'autre + 11 — 11, il restera 12 + 11 = 8 + 15. Ces transformations peuvent s'opérer sur toute proportion arithmétique ; de manière que, dans ces sortes de proportions, la somme des extrêmes est toujours égale à celle des moyens.

232. *Dans une proportion géométrique, le produit des extrêmes est égal à celui des moyens.* Ainsi, dans la proportion 12 : 8 :: 15 : 10, nous disons que 12 × 10 = 8 × 15.

En effet, comme nous l'avons fait observer au n.° 228, cette proportion peut être mise sous la forme de deux fractions égales: $\frac{12}{8} = \frac{15}{10}$. Ces deux fractions réduites au même dénominateur, en indiquant seulement les multiplications à faire, deviennent $\frac{12 \times 10}{8 \times 10} = \frac{15 \times 8}{10 \times 8}$.

Mais puisque ces fractions sont égales et qu'elles ont le même dénominateur, leurs numérateurs sont nécessairement égaux. Donc $12 \times 10 = 15 \times 8$. Ces transformations peuvent s'opérer sur toute proportion géométrique ; donc, dans ces sortes de proportions, le produit des extrêmes est toujours égal à celui des moyens.

233. On déduit de ces principes qu'*on peut toujours calculer le 4.ᵉ terme d'une proportion, quand on connaît les trois autres.*

Supposons que le dernier extrême d'une proportion arithmétique soit inconnu ; on peut considérer la somme des moyens comme étant celle des extrêmes, puisque ces sommes sont égales. Or, si de cette somme on retranche l'une de ses deux parties, qui est l'extrême connu, il est évident que la différence exprimera l'autre partie ou le second extrême.

Soit cette proportion : $9 \cdot 17 : 13 \cdot x$ (x représente ordinairement les quantités inconnues). Nous savons que $9 + x = 17 + 13$; en diminuant ces deux quantités de 9, on a $x = 17 + 13 - 9 = 21$, et la proportion arithmétique devient $9 \cdot 17 : 13 \cdot 21$. Ce raisonnement est applicable à toute autre proportion arithmétique dont le 4.ᵉ terme serait inconnu. On procéderait de même pour trouver un moyen en connaissant les deux extrêmes et l'autre moyen. De manière qu'en général, dans une proportion arithmétique, un extrême est égal à la somme des moyens diminuée de l'autre extrême ; et un moyen est égal à la somme des extrêmes diminuée de l'autre moyen.

234. Lorsqu'il s'agit d'une proportion géomé-

trique, il faut, pour calculer un extrême inconnu, diviser le produit des moyens par l'extrême connu ; et, pour trouver un moyen, diviser le produit des extrêmes par le moyen connu. Car on peut considérer le produit des moyens comme étant celui des extrêmes, puisqu'ils sont égaux ; c'est toujours connaître un produit et l'un de ses facteurs, dont on détermin e l'autre par la division.

Ainsi, dans la proportion $24 : 17 :: 72 : x$, nous savons que $24 \times x = 17 \times 72$; et en divisant ces deux quantités égales par 24, nous avons $x = \dfrac{17 \times 72}{24} = 51$.

---

235. *Lorsque quatre nombres sont tels que la somme du 1.ᵉʳ et du 4.ᵉ égale celle du 2.ᵉ et du 3.ᵉ, ces quatre nombres, dans l'ordre où ils sont écrits, forment une proportion arithmétique.*

La proportion serait géométrique si le produit du 1.ᵉʳ multiplié par le 4.ᵉ était égal au produit du 2.ᵉ multiplié par le 3.ᵉ

1.º Si les quatre nombres 14, 9, 22 et 17 sont tels que $14 + 17 = 9 + 22$, on doit avoir $14 \cdot 9 : 22 \cdot 17$. En effet, si de chacun des deux nombres égaux $14 + 17$ et $9 + 22$, on retranche 9 et 17, on obtient $14 + 17 - 9 - 17 = 9 + 22 - 9 - 17$; et, en simplifiant, $14 - 9 = 22 - 17$; c'est-à-dire que les deux rapports arithmétiques sont égaux, ce qui constitue la proportion.

2.º Si les quatre nombres 14, 9, 56, 36, sont tels que $14 \times 36 = 9 \times 56$, on doit avoir $14 : 9 :: 56 : 36$. En effet, si on divise les deux nombres égaux 14×36 et 9×56, par un même nombre 9×36, on obtient $\dfrac{14 \times 36}{9 \times 36} = \dfrac{9 \times 56}{9 \times 36}$, et en effaçant les facteurs communs aux deux termes de chaque fraction, on a $\dfrac{14}{9} = \dfrac{56}{36}$; c'est-à-dire que les deux rapports géométriques sont égaux, ce qui constitue la proportion.

236. On déduit de ce principe qu'*on peut, sans détruire une proportion, changer les termes de place, pourvu qu'il y ait toujours égalité entre la somme ou le produit des extrêmes et la somme ou le produit des moyens.*

Or, on peut, avec les mêmes termes, écrire une proportion, arithmétique ou géométrique, de huit manières différentes, comme on peut le reconnaître dans cet exemple :

$$12 : 8 :: 15 : 10$$
$$12 : 15 :: 8 : 10$$
$$15 : 12 :: 10 : 8$$
$$15 : 10 :: 12 : 8$$
$$10 : 15 :: 8 : 12$$
$$10 : 8 :: 15 : 12$$
$$8 : 10 :: 12 : 15$$
$$8 . 12 :: 10 : 15$$

Dans chacune de ces proportions, on a $12 \times 10 = 8 \times 15$.

Les mêmes changements peuvent s'effectuer avec une proportion arithmétique : on aura toujours la somme des extrêmes égale à celle des moyens.

237. D'après ce qui a été dit au n.° 229, on peut,

sans détruire une proportion arithmétique, ajouter un même nombre à tous ses termes, ou l'en retrancher. Si la proportion est géométrique, on peut multiplier ou diviser tous ses termes par un même nombre ; dans tous ces cas, les rapports ne changent pas.

Nous ajouterons qu'on peut encore opérer ces additions et ces soustractions, quand il s'agit de proportions arithmétiques ; ces multiplications et ces divisions, lorsqu'il s'agit de proportions géométriques, soit sur les deux premiers termes seulement, soit sur les deux derniers ; soit sur les deux antécédents seulement, soit sur les deux conséquents ; mais jamais sur les deux moyens seuls, ou sur les deux extrêmes. Il est facile, en effet, de s'assurer que, dans ce dernier cas, la somme ou le produit des moyens ne seraient plus égaux à la somme ou au produit des extrêmes, tandis que, par les premiers changements indiqués, cette égalité n'est pas détruite.

238. *Dans une proportion géométrique, on peut ajouter les conséquents à leurs antécédents ou les en soustraire une ou plusieurs fois.* Car on ne fait qu'augmenter ou diminuer les deux rapports d'un même nombre d'unités et ils restent égaux.

On peut aussi ajouter les antécédents aux conséquents ou les en retrancher. En effet, dans la proportion $15 : 9 :: 45 : 27$, on a, en mettant les moyens à la place des extrêmes, $9 : 15 :: 27 : 45$, et, d'après ce qui vient d'être dit, en ajoutant les conséquents aux antécédents, ce qui ne fera qu'augmenter de 1 les deux rapports, $9 + 15 : 15 :: 27 + 45 : 45$; et enfin, en changeant encore les moyens de place, $15 : 9 + 15 :: 45 : 27 + 45$. Au lieu d'ajouter les antécédents aux conséquents, on pourrait les retrancher et on obtiendrait 15 : 9 — 45 :: 45 : 27 — 45.

239. *Lorsque plusieurs proportions géométriques sont écrites les unes au-dessous des autres, on peut les multiplier terme à terme, les produits sont encore en proportion,*

Soient les proportions 12 :   8 :: 15 : 10
$$3 : 14 :: 6 : 28$$
$$21 :   7 :: 45 : 15, \text{ on aura}$$

$$12 \times 3 \times 21 : 8 \times 14 \times 7 :: 15 \times 6 \times 45 : 10 \times 28 \times 15.$$

En effet, chaque proportion peut être mise sous la forme de deux fractions égales : $\dfrac{12}{8} = \dfrac{15}{10}$

$$\dfrac{3}{14} = \dfrac{6}{28}$$

$$\dfrac{21}{7} = \dfrac{45}{15}.$$

Les trois premières fractions étant égales aux trois autres, le produit des premières sera égal au produit des autres, et on aura : $\dfrac{12 \times 3 \times 21}{8 \times 14 \times 7} = \dfrac{15 \times 6 \times 45}{10 \times 28 \times 15}$, d'où on déduit la proportion ci-dessus.

240. Si, au lieu de proportions différentes, on écrivait plusieurs fois au-dessous d'elle-même la première proportion, en multipliant comme il vient d'être dit, on obtiendrait la même puissance de chacun des termes de la proportion donnée. D'où on conclut qu'*on peut élever à une même puissance*

tous les termes d'une proportion, ou en extraire une même racine, sans la détruire.

---

241. Telles sont les principales propriétés des proportions, celles du moins qu'il importe le plus de connaître. Nous n'avons pris pour exemple que des proportions dont les termes sont des nombres entiers; mais les principes sont les mêmes lorsque ces termes sont des fractions ou des expressions renfermant plusieurs nombres.

CHAPITRE XII.

Application des proportions à la solution des problèmes.

244. On peut, à l'aide des proportions, et surtout à l'aide des proportions géométriques, résoudre toute espèce de problèmes. Il suffit pour cela de combiner les nombres connus et le nombre inconnu, de manière qu'ils expriment des rapports égaux deux à deux. Quelques exemples suffiront pour faire connaître la marche à suivre.

Supposons qu'on veuille trouver le prix de 7 hectolitres de vin, lorsque, pour un tonneau de 12 hectolitres 25 litres, on a payé 183 fr. 75 c.

Il est évident que, si l'on représente par x le prix de 7 hectolitres, en divisant ce prix par 7, on obtiendrait le même quotient qu'en divisant 183,75 par 12,25; car on n'aura chaque fois que le prix d'un hectolitre. On peut donc établir la proportion suivante: 183,75 : 12,25 :: x : 7, ou, ce qui est la même chose, en changeant les moyens avec les extrêmes, 12,25 : 183,75 :: 7 : x. D'où l'on a $x = \dfrac{183,75 \times 7}{12,25}$ = 105. Donc les 7 hectolitres valent 105 fr.

Ce procédé s'appelle *règle de trois*, c'est-à-dire, règle par laquelle on détermine un nombre inconnu au moyen de trois nombres connus.

245. Dans l'exemple que nous venons de résoudre, les rapports sont dits *directs*, parce que, *plus* on aura d'hectolitres de vin, *plus* le prix en sera élevé.

Dans cette autre question : 7 ouvriers ont mis 105 jours pour faire un ouvrage: combien 12 ouvriers auraient-ils mis de jours pour le faire ? Il est facile de reconnaître que *plus* il y a d'ouvriers, *moins* il faut de jours ; les rapports sont *inverses*, et, pour avoir des quotients égaux, il faut, après avoir divisé le second nombre d'ouvriers par le premier, pour savoir combien de fois ils sont plus ou moins nombreux, diviser le nombre de jours employés par les premiers par le nombre x qu'emploieront les seconds. On aura donc la proportion $12 : 7 :: 105 : x$; d'où $x = \dfrac{7 \times 105}{12} = 61,25$; c'est-à-dire que 12 ouvriers auraient employé 61 jours 1/4.

246. Toutes les fois qu'une seule proportion suffit pour résoudre le problème, la règle de trois est *simple*. On dit qu'elle est *composée* lorsqu'il y a plusieurs proportions à établir, comme dans la question suivante : 3 ouvriers ont fait 240 mètres d'ouvrage en 8 jours ; combien 5 ouvriers mettront-ils de jours pour faire 725 m. du même ouvrage ? En supposant pour un instant que le nombre de mètres est le même, on établira, comme dans l'exemple précédent, la proportion $5 : 3 :: 8 : x$; d'où $x = \dfrac{3 \times 8}{5}$. Mais parce que la seconde fois il y a *plus* de mètres d'ouvrage à faire, il faudra aussi employer un nombre de jours *plus* fort que ne l'exprime $\dfrac{3 \times 8}{5}$; on établira, comme l'on a fait au n.º 244, cette seconde proportion : $240 : 725 :: \dfrac{3 \times 8}{5} : x$;

d'où $x = \dfrac{3 \times 8 \times 725}{5 \times 240} = 14,50$ ou 14 jours 1 2.

On peut, à la place de la fraction $\dfrac{3 \times 8}{5}$, mettre son équivalent représenté dans la première proportion par x, et alors employer une autre lettre pour représenter l'inconnue dans la seconde proportion. On écrit les deux proportions l'une au-dessous de l'autre; on les multiplie terme à terme, et l'on efface les facteurs communs aux deux derniers termes, ou aux deux premiers, ou aux deux antécédents, ou aux deux conséquents.

$$5 \; : \; 3 \; :: \; 8 : x$$
$$240 \; : \; 725 \; :: \; x : z$$

d'où $\quad 240 \times 5 : 725 \times 3 :: 8 \times x : z \times x$

ou bien $1200 : 2175 :: 8 : z$, et $z = \dfrac{2175 \times 8}{1200}$

$= 14,50$.

247. Supposons encore l'exemple suivant : 25 mètres de drap, 1.re qualité, ayant 0 m. 90 c. de large, ont coûté 340 f.; quel sera le prix d'une pièce de drap, 2.^{c} qualité, ayant 0 m. 95 c. de large et 47 m. 60 c. de longueur; la première qualité étant supposée valoir 14 pour 100 de plus que la seconde?

Si dans ce marché on ne considérait que le nombre de mètres, et qu'on supposât toutes autres choses égales d'ailleurs, on établirait cette proportion simple et directe :

$$25 : 340 :: 47,50 : x, \text{ d'où } x = \dfrac{340 \times 47,50}{25}$$

Mais la largeur n'est pas la même, et, pour cette raison, la pièce de 47,50 doit coûter plus que n'indique $\dfrac{340 \times 47,50}{25}$ ou x. En représentant cette plus-value, qu'on ne connaît pas, par z, on aura cette seconde proportion directe :

$$0,90 : 0,95 :: x : z \text{ d'où } z = \frac{0,95 \times x}{0,90}$$

En troisième lieu, les qualités n'étant pas les mêmes, et la 1.re coûtant 111 francs lorsque la 2.e ne coûtera que 100 f., on aura cette troisième proportion directe :

$$111 : 100 :: z : y, \text{ d'où } y = \frac{100 \times z}{111}$$

Dans cette dernière valeur de l'inconnue, on peut, à la place de z, mettre son équivalent $\frac{0,95 \times x}{0,90}$; et à la place de x mettre $\frac{340 \times 47,50}{25}$. De manière que

$$y = \frac{100 \times \left(\dfrac{0,95 \times \left(\dfrac{340 \times 47,50}{25} \right)}{0,90} \right)}{111} = 614,31$$

Pour obtenir cette valeur de y, il faut d'abord multiplier 340 par 47,50 et diviser le produit par 25 ; le quotient se multiplie ensuite par 0,95, et le produit obtenu se divise par 0,90 ; enfin ce dernier quotient multiplié par 100 et le produit divisé par 111 donne pour résultat définitif 614,31.

Mais on peut plus facilement arriver à connaître la valeur de la dernière inconnue en écrivant toutes les proportions les unes au-dessous des autres et en les multipliant terme à terme. On a soin d'omettre x et z, qui se trouveraient comme facteurs commun dans les deux derniers termes : il ne reste plus alors que l'inconnue y. Voici l'indication des calculs

$$25 : 340 :: 47,50 : x$$
$$0,90 : 0,95 :: x : z$$
$$111 : 100 :: z : y$$
$$25 \times 0,90 \times 111 : 340 \times 0,95 \times 100 :: 47,50 : y;$$
$$\text{d'où } y = \frac{340 \times 0,95 \times 100 \times 47,50}{25 \times 0,90 \times 111} = 614,31.$$

On s'exercera à résoudre de même tous les problèmes qui terminent le chapitre V de la 3.ᵉ partie, à partir du n.º CLI, et tous ceux qui sont relatifs aux règles d'intérêt et d'escompte.

248. Il résulte de ce qui précède que les règles de trois sont *simples* ou *composées*, *directes* ou *inverses*. Dans tous les cas, la théorie est facile, mais l'application présente souvent de grandes difficultés ; et nous engageons les maîtres à faire résoudre les problèmes par la réduction à l'unité plutôt que par toute autre méthode : l'enfant comprend mieux et retient plus facilement.

NOTES.

249. Note I. La divisibilité des nombres repose sur les principes suivants :

1. *Tout nombre qui divise exactement une somme et l'une de ses deux parties, doit aussi diviser exactement l'autre partie.* Ainsi, 8, qui divise exactement 56 et l'une de ses parties 32, doit aussi diviser l'autre partie 24. Car si 8, qui divise 32, ne divisait pas 24 sans reste, la somme 56 ne serait pas formée d'un nombre exact de fois 8 ; ce qui est contre la supposition, puisque 56 est donné comme exactement divisible par 8. Il suit de là que :

2. *Tout nombre qui divise exactement les diverses parties d'une somme, doit diviser de même cette somme.* Si 3 divise exactement 15, 12 et 21, il divisera 48 qui est leur somme.

3. *Tout nombre qui divise exactement une quantité, divise de même tous les multiples de cette quantité.* Car tout multiple d'une quantité peut être considéré comme étant la somme d'autant de nombres égaux à cette quantité qu'il y a d'unités dans le multiplicateur.

Note II. On trouve le plus grand commun diviseur de deux nombres de la manière suivante :

On divise le plus grand nombre par le plus petit, et si l'opération se fait sans reste, c'est ce dernier qui est le plus grand commun diviseur cherché. En effet, le plus petit nombre se divise lui-même et ne peut être divisé par un nombre plus grand que lui : donc, s'il divise en même temps le plus grand nombre, il est le plus grand diviseur commun.

Mais s'il y a un reste, on divise le plus petit des deux

nombres par ce reste ; et si l'opération se fait exactement, ce premier reste est le plus grand commun
diviseur qu'on cherche. Car ce reste, qui se divise
lui-même et qui divise le plus petit nombre proposé
et par conséquent tous les multiples de ce nombre,
divisera aussi le plus grand, qu'on peut regarder
comme une somme composée d'un certain nombre
de fois le plus petit, plus le reste. D'ailleurs, un
nombre plus fort que ce reste ne saurait diviser
exactement les deux nombres proposés; car, devant
diviser le plus grand nombre et l'une de ses parties,
qui n'est autre chose que le plus petit dont on s'est
servi pour premier diviseur multiplié par le quotient, ce nombre doit nécessairement diviser aussi
l'autre partie ou le reste de la division.

Si cette seconde division du plus petit nombre
par le 1.er reste ne se fait pas exactement, on divise
le 1.er reste par le 2.e ; puis, s'il y a lieu, le 2.e par
le 3.e, et ainsi de suite, jusqu'à ce qu'on obtienne
un quotient exact ou un dernier reste égal à 1.
Dans le premier cas, c'est le dernier diviseur qui
est le plus grand commun diviseur des nombres
proposés; dans le second cas, ces nombres n'ont
pas d'autres diviseurs communs que l'unité ; et alors
on dit qu'ils sont premiers entr'eux.

Soit proposé de trouver le plus grand commun
diviseur entre 456 et 192 : on disposera et on effectuera le calcul comme il suit, en plaçant les chiffres
du quotient au-dessus du diviseur :

	2	2	1	2
456	192	72	48	24
72	48	24	0	

Donc 24 est le plus grand commun diviseur entre
456 et 192.

CHAPITRE XIII.

Problèmes généraux.

250. Les problèmes que nous avons placés à la fin de chaque chapitre auront été facilement résolus, puisqu'ils ne sont tous que l'application des règles expliquées dans le chapitre même. Ceux que nous proposons comme conclusion de cet ouvrage présentent, dans leur variété, un exercice d'autant plus utile, qu'ils résument tout ce que nous avons dit, et que leur solution exigera souvent qu'on revienne sur les explications déjà données.

CCXXXIX. Un commis-voyageur a 6 0/0 des ventes qu'il fait, plus 12 fr. par jour pour ses frais de voyage ; en 3 mois 9 jours il a vendu pour 145637 fr. 25 c., et ses dépenses ont été, terme moyen, de 8 fr. 75 c. par jour : combien a-t-il de bénéfice ?

CCXL. Une forêt de haute futaie contient 7538 gros arbres, évalués 135 fr. chacun, l'un compensant l'autre ; il y a 72 ans que cette forêt n'a donné aucun produit, parce qu'on n'a coupé aucun arbre, et tous les ans on a payé, terme moyen, 163 fr. 60 c. d'impôt ou de garde ; la propriété d'ailleurs est estimée 38500 fr. : à combien peut-on évaluer, pour 100, les revenus annuels de cette forêt ?

CCXLI. Un livre coûte 0,75 l'exemplaire : combien en aura-t-on pour 30 fr., le libraire accordant le 13.ᵐᵉ exemplaire gratis ?

CCXLII. Un billet de 1250 fr., souscrit le 10 jan-

vier et payable un an après, a été remis le 17 mars suivant à une personne qui l'a négocié elle-même le 1.er
août ; le 13 novembre il a été remis à un banquier qui
l'a encaissé à son échéance : quelle était la valeur de ce
billet chaque fois qu'il a été négocié, l'escompte étant
au 6 0/0 et *en-dehors* ?

CCXLIII. Quelle aurait été chaque fois la différence
de valeur, si ce billet avait été escompté *en-dedans* ?

CCXLIV. Une personne avait rempli un vase de vin,
contenant 25,20 litres ; après en avoir bu 1/3, elle y
met de l'eau jusqu'à ce que le vase soit plein de nouveau ; elle boit ensuite 1/4 de ce mélange, et, trouvant
encore cette boisson trop forte, elle remplit une seconde
fois le vase d'eau : combien reste-t-il alors de litres du
premier vin ?

CCXLV. Et si le vin pur valait 0,45 le litre, quelle
est la valeur du litre du premier, et ensuite du second
mélange ?

CCXLVI. Un petit marchand achète à 20 fr. la
douzaine des objets qu'il revend au détail 2 fr. la
pièce : on lui accorde de plus le 13.me gratis : combien
gagne-t-il pour 100 ?

CCXLVII. Avec 25000 fr. de rentes 5 0/0, et 23 fr.
50 c. de dépenses journalières, combien faudra-t-il
d'années pour faire 50000 fr. d'économies ?

CCXLVIII. On veut faire un échange de 32 hectares
5 ares 18 centiares de terrain, évalués 1725 fr. 75 c.
l'hectare, contre une maison de même valeur pour les
revenus : si les terres ne produisent que 3,50 0/0 et les
maisons 5 0/0, quelle devra être la valeur de la maison
prise en échange ?

CCXLIX. Six personnes ont soutenu un procès contre une commune: la première y était intéressée pour 24730 fr. ; la seconde, pour 32500 fr. ; la troisième, pour 54650 fr. ; la quatrième, pour 60000 fr. ; la cinquième, pour 64500 fr. ; et enfin la sixième, pour 75215 fr. ; les frais se sont élevés à 12735 fr. 50 c. : comment doit se faire la répartition de ces frais ?

CCL. Un banquier a prêté, le 7 janvier, 1720 fr. à un négociant ; le 10 février, il lui a encore prêté 746 f. 25; le 12 du même mois, 4738 fr. 75 c. ; le 30 du même mois, 985 fr. 25 c. ; le 11 mars, 3450 fr. ; et le 25 du même mois, 10520 fr. ; toutes ces sommes sont prêtées à 6 0/0, plus 2 0/0 pour frais de commission : quelle somme totale, intérêts et capital, est due au banquier le 15 avril suivant ?

CCLI. Combien faut-il de mètres de toile, à 2/3 de largeur, pour doubler 3^m 45 de drap à 7/6 de largeur ?

CCLII. Dans une faillite, on ne donne que 19 0/0 aux créanciers : quelle somme était due à celui qui retire 4757 fr. 25 c. ?

CCLIII. On sait que le son parcourt environ 337 mètres par seconde, tandis que la lumière se transmet presque instantanément : à quelle distance de nous se fait donc l'explosion du tonnerre, lorsqu'on a le temps de compter 13 secondes entre l'éclair et le bruit du tonnerre ?

CCLIV. Quel sera l'intérêt composé de 360 fr. prêtés à 2,50 0/0 pendant 17 ans 4 mois ?

CCLV. Une personne prête 6 fr. pour 8 jours, à la condition qu'on lui en rendra alors 7. La semaine suivante elle prête, au même taux, ces 7 fr. ; la troisième semaine elle prête encore, et toujours au même taux, tout ce qu'elle retire à la fin de la seconde, et ainsi de suite pendant toute l'année ou 52 semaines : quels intérêts au ront produits ces 6 fr., prêtés ainsi à *la petite semaine ?*

CCLVI. Si chaque personne, en France, fait par jour une dépense moyenne de 1 fr. 75 c., quelle somme d'argent doit être en circulation pour que chacun puisse gagner et puis dépenser ce qui lui est nécessaire, la population de la France étant de 34703900 habitants environ ?

CCLVII. Quel est le nombre qui représentera en kilogrammes le poids d'argent pur de la somme déterminée dans le problème précédent ?

CCLVIII. Quelle serait la quantité d'or monnayé qui formerait cette même somme ?

CCLIX. Quelle serait la différence de poids de ces deux sommes comptées, l'une en pièces d'argent, et l'autre en pièces d'or ?

CCLX. L'aiguille d'une boussole indique 17° 13' 25'' ; un instant après elle n'indique plus que 10° 43' 19'' : quelle est la grandeur de l'angle décrit par l'aiguille ?

CCLXI. Un ouvrier a 64^m 895 de drap à faire en 25 jours 7 heures ; il ne peut travailler que 10 h. 35' par jour : combien faudra-t-il qu'il fasse de mètres de drap par chaque quart d'heure pour avoir terminé son ouvrage au temps indiqué ?

CCLXII. Si on lui donne pour tout ce travail 200 francs, combien aura-t-il gagné par jour et par mètre ?

CCLXIII. Une personne a pour 7250 fr. de rentes sur l'Etat, 5 0/0 : quelle fortune représente cette rente lorsque les fonds sont 107 fr. 25 ?

CCLXIV. Quelle est la somme à 3 0/0 qui donnerait la même rente sur l'Etat, lorsque le cours est de 98 fr. 05 c. ?

CCLXV. Une personne avait acheté pour 1476785 fr. de rentes sur l'Etat, au cours de 112 fr. 85 ; elle est obligée de revendre 9 jours plus tard au cours seulement de 112 fr. 15 : combien a-t-elle perdu ?

CCLXVI. Combien un décamètre cube doit-il contenir de centilitres ?

CCLXVII. Combien pèsera ce décamètre cube, s'il est plein de vin, et si ce vin est 1/13 plus léger que l'eau froide ?

CCLXVIII. Quel est le plus cher de deux draps dont l'un a été payé 17 fr. les 4/5 de mètre, et l'autre 20 fr. les 7/8 ? et quelle est la différence de prix par mètre ?

CCLXIX. Une servante reçoit 1 aiguille pour la première semaine de ses gages, 2 pour la seconde semaine, 4 pour la troisième, et ainsi de suite en doublant le nombre des aiguilles jusqu'à 52 fois, nombre de semaines qu'il y a dans une année; elle vend ensuite toutes ces aiguilles à 0,25 c. le cent : combien aura-t-elle gagné ?

CCLXX. Quelle fortune devraient avoir les maîtres qui ne retirent que 3,50 0/0 de revenus, et qui voudraient avoir trois domestiques aux mêmes gages ?

CCLXXI. Le philosophe Sessa, qui, pour distraire son souverain, inventa le jeu d'échecs, demanda pour sa récompense 1 grain de blé pour la première case de l'échiquier, qui en contient 64; puis 2 pour la seconde, 4 pour la suivante, et toujours en doublant de la sorte les grains de blé jusqu'à la dernière case : combien devait-on lui compter de grains de blé ?

CCLXXII. En supposant que le litre contienne environ

12350 grains, quelle serait en hectolitres la quantité de blé reçue par Sessa? et quelle somme en aurait-il retirée en ne vendant que 14 fr. 75 l'hectolitre ?

CCLXXIII. Une nouvelle se transmet par le télégraphe de Toulouse à Paris, dont la distance est de 669 kilomètres, en 2 h. 13' ; quel est le temps employé par kilomètre ?

CCLXXIV. Trois personnes se sont associées pour acheter une propriété de 143 hectares 19 ares 24 centiares : la première a donné une somme trois fois plus forte que la seconde, qui elle-même a donné deux fois autant que la troisième : combien chaque associé doit-il avoir d'hectares, d'ares et de centiares pour sa part ?

CCLXXV. Deux courriers partent en même temps, l'un de Paris et l'autre de Toulouse; le premier parcourt 6 kilomètres 25 décamètres par heure; et l'autre seulement 5 kilomètres dans le même temps : la distance des deux villes étant de 669 kilomètres 365 mètres, à quelle distance de Toulouse ces deux courriers se rencontreront-ils ? (*)

CCLXXVI. Trois conduits versent de l'eau dans un même bassin; le premier en donne 165 litres par minute; le second, 210 litres, et le troisième, 275 litres; mais l'eau s'échappe en même temps par une ouverture qui laisse couler 450 litres à la minute : combien faudra-t-il de temps pour que ce bassin, qui peut contenir 3455 li-

(*) Ce problème et quelques-uns des suivants peuvent paraître difficiles à résoudre. Cependant, si l'on fait attention qu'en additionnant les distances parcourues dans une heure par les deux courriers, et en divisant par cette somme la distance totale, on obtient le temps qu'ils emploient pour arriver au point de rencontre, il sera facile ensuite de déterminer la distance que chacun aura parcourue pendant le temps ainsi trouvé.

très, se remplisse, si toutes les ouvertures laissent couler l'eau en même temps ?

CCLXXVII. Un courrier est parti de Toulouse, se di-
rigeant sur Marseille; quatre heures après, un autre
courrier se met à la poursuite du premier et fait 7 kilomètres 350 mètres à l'heure, tandis que le premier ne
fait que 4 kilomètres 850 : à quelle distance de Toulouse
le second courrier parviendra-t-il à atteindre le premier ?

CCLXXVIII. A midi, les deux aiguilles d'une montre
sont sur le même point du cadran; on sait que toutes les
heures la grande aiguille fait un tour, tandis que la petite
ne parcourt que la 12.ᵉ partie du cadran: sur quel point
se fera la prochaine rencontre des aiguilles ? la seconde ?
la troisième ? etc.

CCLXXIX. Un navire n'a plus que pour 17 jours de
vivres, et il doit encore tenir la mer pendant 29 jours :
de combien faut-il diminuer la ration de chaque homme?

CCLXXX. 5 ouvriers, travaillant 12 heures par
jour, ont mis 47 jours pour faire 345^m 75^c d'ouvrage;
combien faudrait-il d'ouvriers, ne travaillant que 10
heures par jour, pour faire trois fois plus d'ouvrage
dans 35 jours ?

CCLXXXI. Pour construire un mur de 43^m 35 de
long et 14^m 50 de haut, 25 ouvriers ont employé 17
jours, travaillant 11 heures 1/2 par jour : combien faudra-t-il que 32 ouvriers travaillent d'heures par jour
pour bâtir en 20 jours deux murs dont l'un a 12^m 15
de long sur 12 mètres de haut, et l'autre 23^m 45 de long
sur 14^m 75 de haut?

CCLXXXII. Un ouvrier a entrepris un travail qui nécessite 65 journées. Mais il s'adjoint sa femme qui ne
peut faire que les 3/5 de ce qu'il fait lui-même, et ses

deux fils qui ne peuvent faire chacun que les 7/8 de ce que fait leur mère : combien de journées emploieront-ils tous ensemble pour faire le travail en question ?

CCLXXXIII. Un levrier court après un lièvre qui se trouve à 132 mètres en avant; le lièvre fait trois sauts pendant que le levrier n'en fait qu'un, mais chaque saut du levrier est de 1^m 05, tandis que les sauts du lièvre ne sont que de 0^m 25 : combien le levrier devra-t-il faire de sauts avant d'atteindre le lièvre ?

CCLXXXIV. Diophante, philosophe ancien, a passé dans la jeunesse la sixième partie du temps qu'il a vécu, un douzième dans l'adolescence; ensuite il s'est marié et a passé dans cette union le septième de sa vie augmenté de 5 ans avant d'avoir un fils auquel il n'a survécu que de 4 ans et qui n'a atteint que la moitié de l'âge où son père est parvenu : quel âge avait Diophante lorsqu'il mourut ?

CCLXXXV. Les $\frac{2}{7}$ d'un bâton sont peints en rouge, les $\frac{4}{9}$ en blanc, les $\frac{5}{17}$ en bleu, et les 0^m 12 restant en noir : quelle est la longueur de tout le bâton ?

CCLXXXVI. Les $\frac{2}{3}$ d'un régiment ont péri dans une rencontre; les 3/8 sont à l'hôpital; 1/60 a déserté et le colonel ne se trouve plus qu'avec 2735 hommes : combien de soldats y avait-il dans ce régiment ?

CCLXXXVII. Un général demande qu'on renforce son armée de 10000 hommes; on ne lui en envoie que les 3/5 de ce qu'il a demandé, et, sur ce nombre, 1/40 n'arrive pas à sa destination ; malgré cela le général se trouve avec 53,460 soldats : combien en avait-il auparavant ?

CCLXXXVIII. Le collége royal de Toulouse est l'un de

ceux de France qui comptent le plus d'élèves : un dixième du nombre de ces élèves suit le cours de philosophie ; un neuvième, les cours de rhétorique et de seconde ; un huitième, ceux de troisième et de quatrième ; un sixième, ceux de cinquième et de sixième ; les classes élémentaires et préparatoires comptent 358 élèves ; combien y a-t-il d'élèves en tout qui suivent les cours du collége de Toulouse ?

CCLXXXIX. Un sac contient 7500 fr. ; un tiers de cette somme est employé à l'acquisition d'une maison, et le vingtième du prix d'achat plus 450 fr. pour les frais d'actes : combien restera-t-il de cette somme pour acheter des meubles et se créer quelque rente ?

CCXC. Une administration compte 32517 employés, dont le traitement moyen est de 1552 fr. 50 c. ; il est fait, chaque mois, une retenue de 1/20 sur tous les traitements en faveur des anciens employés en retraite : quel est le produit de ces retenues, et combien peut-on servir de retraites au taux moyen de 875 fr. 30 c. par individu ?

CCXCI. D'après le problème précédent, est-il plus avantageux pour un employé de cette administration de subir tous les mois la retenue du vingtième de son traitement, et d'obtenir, après 30 ans de service, une retraite égale aux 4/5 de son traitement fixe, que de ne subir aucune retenue, et de placer une somme égale à la caisse d'épargnes qui, tous les 6 mois, capitalise les intérêts échus en raison de 4 0/0, et qui, après les 30 ans, remboursera intérêts et capital ?

CCXCII. Un capitaliste veut acheter des rentes sur l'Etat ; le 5 0/0 est à 106 fr. 39 c., et le 3 0/0 est à 78 fr. 455 : quelle est celle des deux rentes qui présente le placement le plus avantageux ?

CCXCIII. Et quelle serait, dans le cas du problème précédent, la différence du capital, pour 4365 fr. de rente ?

CCXCIV. Deux sœurs se marient le même jour et reçoivent chacune 3000 fr. pour en user comme bon leur semblera; l'une place cette somme à la caisse d'épargnes, et y ajoute 50 fr. tous les trois mois; l'autre, au contraire, garde son argent chez elle, et, toutes les semaines, elle emploie 5 fr. à acheter divers objets de fantaisie: on désire savoir ce qu'aura chacune de ces deux sœurs après 10 ans, sachant que la caisse d'épargnes capitalise tous les 6 mois les intérêts échus à 4 0/0, et celle qui y a déposé les 3000 fr. n'ayant rien retiré pendant ces 10 ans?

CCXCV. Les 3/11 d'une propriété ont été vendus 4659 fr. 75 c. : que valent, au même prix, les 15/27 de cette propriété ?

CCXCVI. Le vendeur de la propriété précédente gagne 13 fr. 835 pour 100 sur ce qu'elle lui avait coûté, non compris l'intérêt à 6 0/0 de son argent, et ce n'est qu'après l'avoir gardée 3 ans 7 mois 18 jours, qu'il l'a revendue : combien cette propriété avait-elle coûté ?

CCXCVII. Contre un billet de 438 fr. 15 c., payable dans 7 mois 10 jours, on donne une lettre de change de 415 fr. 60 c., payable dans 1 mois 17 jours : quelle somme doit être ajoutée au billet qui vaut le moins, pour que les valeurs soient *balancées ?*

CCXCVIII. Vaut-il mieux placer 10000 fr. à 5 0/0, à la condition que les intérêts seront servis tous les mois, que de les placer à 6 0/0 et à la condition que les intérêts ne seront payés qu'à la fin de l'année?

CCXCIX. Une personne use depuis 50 ans pour 0 f. 15 c. de tabac par jour : quelle somme aurait-elle économisée si elle n'avait pas eu ce défaut ?

CCC. Quelles auraient été les économies de cette personne, si, à la fin de chaque année, elle avait placé à 5 0/0 la somme qu'elle dépensait en tabac ?

Des chiffres romains.

Nous avons indiqué l'ordre des problèmes à l'aide des *chiffres romains*. Pour les personnes qui ne connaîtraient pas ce système de numération, nous allons traduire en valeur ordinaire les nombres qu'ils représentent :

I	signifie	1.	XX	signifie	20.
II	—	2.	XXX	—	30.
III	—	3.	XL	—	40.
IV	—	4.	L	—	50.
V	—	5.	LX	—	60.
VI	—	6.	C	—	100.
VII	—	7.	CC	—	200.
VIII	—	8.	D	—	500.
IX	—	9.	M	—	1000, etc.
X	—	10.			

Il faut savoir que tout chiffre, placé avant un autre plus fort que lui, le diminue d'autant; mais que, placé après, il l'augmente de toute sa valeur. C'est pour cela que IV ne signifie que 4, que XL signifie 40; CM, 900, etc.— D'après cela, 1851 sera représenté par MDCCCLI.

FIN.

TABLE

DES MATIÈRES.

TROISIÈME PARTIE.

FIN.

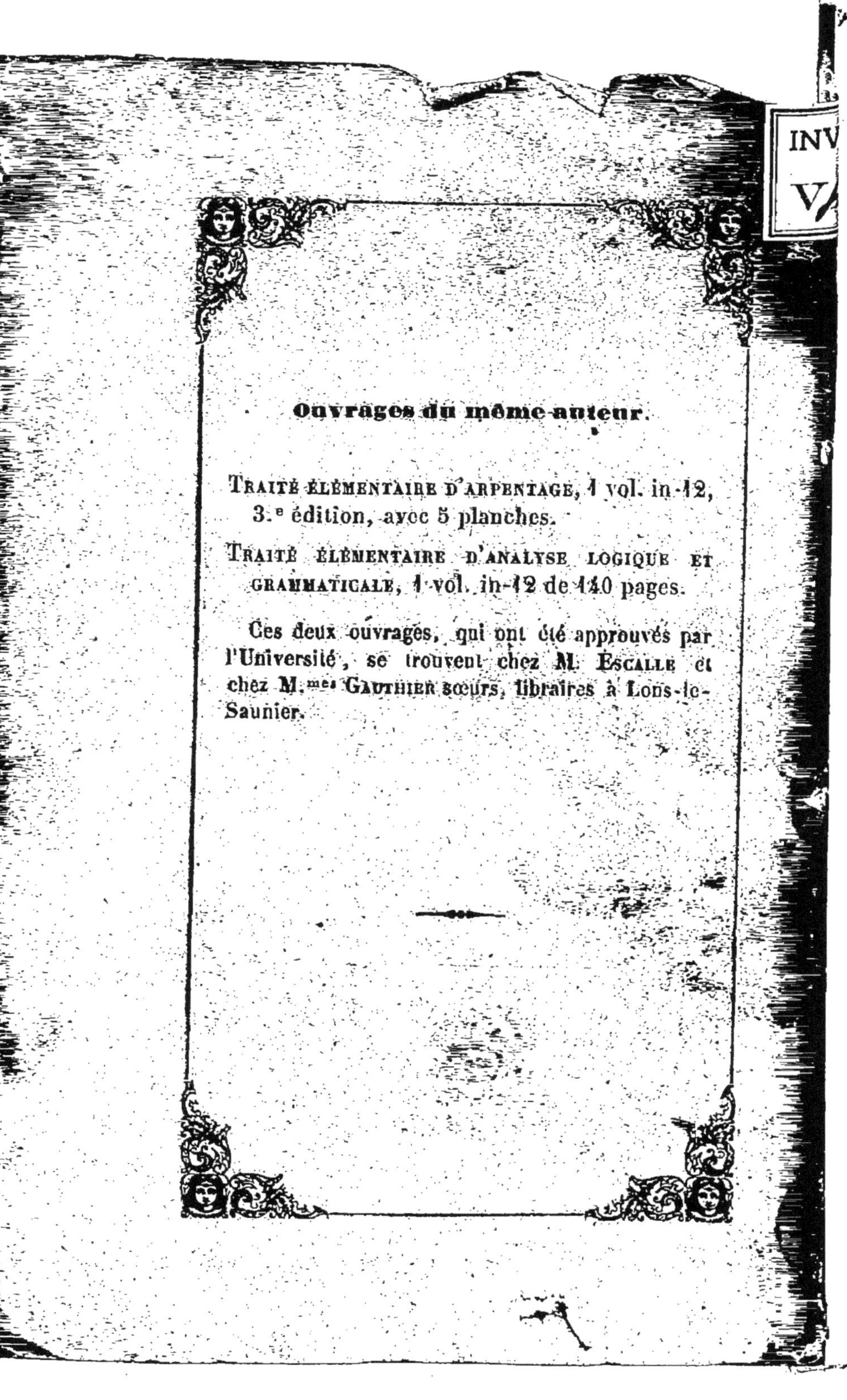

Ouvrages du même auteur.

TRAITÉ ÉLÉMENTAIRE D'ARPENTAGE, 1 vol. in-12, 3.e édition, avec 5 planches.

TRAITÉ ÉLÉMENTAIRE D'ANALYSE LOGIQUE ET GRAMMATICALE, 1 vol. in-12 de 140 pages.

Ces deux ouvrages, qui ont été approuvés par l'Université, se trouvent chez M. ESCALLE et chez M.mes GAUTHIER sœurs, libraires à Lons-le-Saunier.

www.ingramcontent.com/pod-product-compliance
Ingram Content Group UK Ltd.
Pitfield, Milton Keynes, MK11 3LW, UK
UKHW022330090726
13658UKWH00001B/196